河北省高等学校人文社会科学重点研究基地"河北经贸大学现代商贸服务业研究中心"资助

河北省省级科技计划项目(软科学研究)(立项编号19457644D)

数字经济与
环保服务业发展研究

SHUZI JINGJI YU

HUANBAO FUWUYE FAZHAN YANJIU

王小平 等◎著

人民出版社

目　录

总论篇

环保服务业数字化模式篇

环保数字产业化模式篇

环保服务业平台模式篇

发展困难与对策建议篇

总论篇

第一章　数字环保服务业研究概述

随着数字经济的迅速发展，产业数字化、数字产业化与平台经济发展对经济发展的促进作用显著增强。而环保服务业数字化是产业数字化在环保服务业领域的体现，环保数字产业化是数字产业化在环保服务业领域的体现，环保服务平台经济是数字经济与环保服务业深度融合的综合体现。在数字技术与环保服务业深度融合的进程中，由环保服务业数字化、环保数字产业化和环保服务平台经济形成的数字环保服务业的新业态、新模式不断涌现，数字环保服务业迎来了重大发展机遇。

本章主要阐述本书关于数字环保服务业的研究背景、意义并提出本书研究的核心问题，同时指出本书的研究内容和方法，对相关文献作出了梳理并进行简要评述，指出本书的主要创新点。

第一节　研究背景与意义

环保服务业是提供环境保护服务的服务性产业，是环保产业的重要组成部分，同时也是现代服务业的重要分支，具体分为环境技术服务、环境咨询服务、污染治理设施运营管理、废旧资源回收处置、环境贸易与金融服务、环境功能及其他环境服务六类。当前，在数字经济背景下，数字技术与实体产业的融合程度不断加深，产业数字化、数字产业化与平台经济发展已经成为推动新旧动能转化的重要推手。基于数字经济发展背景，探索包括环保服务业数字化、环保数字产业化与环保服务平台经济在内的数字环保服务业模式，对环保服务业实现数字化发展具有理论意义和现实意义。

一、研究背景

具体而言，本书的研究背景概括为如下五个方面：

一是环保产业诸多挑战倒逼环保服务业创新升级。首先，环保产业作为 21 世纪的高新技术产业，需要大量的前沿技术作为背后支撑。近年来，在一些环保科学技术领域如开采设备制作与操作、膜生物技术等方面，我国已经取得了很大的进步，处于行业技术领先地位。但我国较多环保领域的科学研发均处于一般水平，如水处理技术等。在处理日常生活和工业污水方面，我国研发生产的净化设备可以发挥作用，使处理过后的污水符合我国制定的相关标准。但是对于高端水的处理，我国则受到研发水平的局限，与世界先进水平还存在着较大的差距。其次，我国环保产业呈现出区域发展不平衡现象。长三角、环渤海、珠三角等周围地域的环保产业相比于我国中西部地区具有较为优越的先天资源优势和后天技术基础，因此形成区域特色发展体系，整体态势良好。中西部由于自身资源不足，环保产业研发技术水平较低，地区经济发展相对落后，因此受到多方面发展条件的限制，与东部地区存在一定差距。这种区域发展的不平衡是环保产业发展面临的又一挑战。环保产业诸多挑战倒逼环保服务业创新升级，谋求更高层次发展。

二是环保服务业发展是实现"双碳"战略目标任务的重要途径。经过多年的环境治理，生态环境获得明显改善，环保产业也在环境治理中得到成长。2020年9月我国提出了"双碳"战略目标，力争2030年"碳达峰"、2060年"碳中和"。"双碳"战略的实施既对环保服务业发展提出了更高的要求，同时也为环保服务业发展带来战略发展机遇。可以说，环保服务业是直接服务于"双碳"战略目标的，具备带动经济增长和应对环境问题的双重功能，是支撑我国供给侧结构性改革的重要动能，必将深度融入数字经济大趋势，进入高质量发展的快车道，必须深入研究环保服务业高质量发展问题。

三是数字经济发展为环保服务业高质量发展提供了新机遇。根据2021年全球数字经济大会的数据，我国数字经济规模已经连续多年位居世界第二。截至2021年11月，已开通5G基站139.6万个，占全球5G基站总数超过70%，5G终端用户达4.97亿。根据中国信通院统计数据，2020年我国数字经济规模达到39.2万亿元，同比增长9.7%，高于2.3%的GDP增速，占GDP的比重已经达到38.6%。上述数据表明，数字经济对于促进我国经济增长具有重要作用。数字产业化与产业数字化"双轮驱动"是数字经济发展的重要特征。随着数字经济时代的到来，数字信息资源成为新的生产要素，结合数字技术手段，依托网络平台载体，成为推动经济结构优化的重要推动力。数字经济大发展为环保服务业数字化创造了重要条件，为数字环保服务业提供了良好的发展环境。环保服务业数字化、环保数字产业化与环保服务平台经济发展是环保服务业顺应数字经济发展趋势的重要抓手。为了更加充分发挥环保服务业的作用，环保服务业需要深度融合数字技术，实现传统环保服务业数字化和新兴环保数字产业发展。

四是环保产业数字化、环保数字产业化与环保服务平台经济发展成为环保服务业转型升级的必然趋势。环保产业既是国民经济战略性新兴产业，同时也是我国经济新的增长点，对促进我国经济绿色发展具有重要作用。随着数字经济时代的到来，数据资源已成为新的生产要素。包括数字环保服务业在内的数字经济已成为新时代经济发展的新动能和转型发展的主抓手。在政策引导、资本驱动、竞争环境严峻等多重因素影响下，数字环保、智慧环保、环保平台等新兴环保业态已成为环保服务业转型升级的大趋势。同时，在国家政策支持、科技企业带动、环保数据积累、多主体发展联动等多方面因素的共同推动下，我国数字环保服务业发展速度必将加快。

五是深入贯彻落实"十四五"规划关于数字经济与环保产业发展战略的需要。《中华人民共和国国民经济和社会发展第十四个五年规划和2035年远景目标纲要》明确指出，充分发挥海量数据和丰富应用场景优势，促进数字技术与实体经济深度融合，赋能传统产业转型升级，催生新产业、新业态、新模式，壮大经济发展新引擎；针对环保产业发展提出要聚焦新一代信息技术以及绿色环保等战略性新兴产业，加快关键核心技术创新应用，增强要素保障能力，培育壮大产业发展新动能；要推动5G、大数据中心等新兴领域能效提升，壮大节能环保、清洁生产、清洁能源、生态环境、基础设施绿色升级、绿色服务等产业，实现环保产业的转型升级。为深入贯彻落实国家发展战略，需要对我国数字经济和环保产业融合发展问题进一步深入研究。

二、研究意义

（一）理论意义

在数字经济蓬勃发展的时代背景下，产业数字化与数字产业化已成为国内学者的研究热点，但总体来看相关研究主要集中在农业和制造业的数字化发展的模式和路径方面。针对数字环保服务业模式的研究较少，对数字环保服务业的指导作用有限。相对于已有文献，本书的理论贡献在于：一是对数字环保服务业模式的特征、形成的影响因素、实现机制、作用机制以及产业效应方面进行探索，进一步丰富环保服务业理论。二是在数字环保服务业分类方面，依据环保服务企业数字技术的获取途径不同，将环保服务业数字化模式分为外部技术助力型数字化模式和数字生态赋能型数字化模式；依据环保数字化产品种类、服务内容、切入点、模式特征等方面的不同将环保数字产业化模式分为数据更新型环保数字产业化模式、平台交易型环保数字产业化模式和方案应用型环保数字产业化模式三种模式；根据服务内容侧重点不同，将数字环保服务平台模式分为电商型环保服务平台模式和资讯型环保服务平台模式。这些分类为数字环保服务业模式研究提供了新的理论观点。三是提出了影响数字环保服务业模式形成的主要因素。基于钻石模型的影响因素主要包括政府扶持因素、生产要素因素、企业因素、需求因素、机会因素以及相关产业因素等，而环保服务平台模式形成原因包括环保服务业需求拉动、环保服务业问题推动、互联网技术与政策催化等。对形成模式的影响因素和原因的探讨，完善了数字环保服务业研究体系。四是对数字环保服务业模式进行效应分析。环保服务业数字化具有技术扩散效应、效率提升效应、创新升级效应和网络协同效应等；环保数字产业化具有技术溢出效应、聚合经济效应、服务优化效应等；环保服务平台模式产业效应包括双（多）边市场效应、外部经济效应、创新升级效应和成长衍生效应等。对产业效应的分析，充实了数字环保服务业的理论基础。

（二）现实意义

本书对数字环保服务业模式进行了系统研究，并在此基础上从优化发展环境和构建数字环保服务业模式等方面为政府和企业提出对策建议，具有重要的现实意义。一是为数字环保服务业发展提供思路。环保企业在数字化转型过程中，受制于内部资源要素缺乏、外部竞争环境激烈等因素，其数字化转型战略不明确。本书通过分析数字环保服务业发展模式，为环保服务业数字化提供战略导向。环保服务企业可通过整合自身内外部资源，充分发挥自身优势，选取相应的转型模式，实现企业的数字化转型；环保数字企业充分发挥环保数字资源的经济效益，创新环保产业发展新思路，顺应数字经济发展趋势，汇聚更加庞大的用户群体；环保服务平台模式改善了环保服务领域的信息不对称现象，有利于数字环保服务业的发展，为经济发展提供新的增长极。二是有助于落实国家政策，优化环保服务业数字化发展环境。包括数字环保服务业在内的数字经济已成为新时代经济发展的新动能和转型发展的主抓手，发展数字环保服务业对落实数字经济与实体经济融合政策具有重要现实意义。本书研究了数字环保服务业模式的特征、实现机制、作用机制和产业效应，并分析了环保服务企业在数字化和产业化转型过程中存在的问题，从政府角度提出了优化环保服务业数字化发展环境的对策建议，对国家政策落地和实现环保服务业数字化转型具有重要意义。三是为数字环保服务业发展提供可借鉴的模式。本书聚焦于数字环保服务业发展，深入分析数字环保服务业这一新兴产业，掌握其发展规律，为数字环保服务业发展提供有效指导。

三、问题的提出

在数字经济大发展的背景下，数字环保服务业是数字经济发展的重要内容，是环保服务业发展的重要趋势。本书从模式的角度开展研究主要是因为模式研究有很多优点：一是模式具有构造功能，可通过厘清系统内部结构和组成部分构造系统的整体形象；二是模式具有解释功能，能将系统内部复杂的运行机制、作用机理以简洁的方式表述出来；三是模式具有启发功能，通过对系统内部的某一过程或核心环节进行研究，找出存在的问题并根据环节的进程和结果提出改进方向。因此，本书通过构建、描述、应用模式对复杂问题进行研究分析，将复杂问题模式化从而进行具有普遍性和启发意义的研究。

基于上述分析，本书聚焦研究的核心问题是：数字环保服务业模式是什么？围绕这一核心问题，有一系列具体问题需要研究和解决，主要包括：数字环保服务业有哪些具有代表性的主要模式？模式的形成有哪些影响因素？不同模式具有怎样的特征、运行机制和产业效应？如何进一步推动数字环保服务业发展？在解决这些理论问题的基础上，进一步提出推动数字环保服务业发展的对策建议。

第二节　研究内容与方法

本书在全面理解产业数字化、数字产业化与平台经济相关理论的基础之上，运用文献分析法、案例分析法、比较研究法、E-R 概念模型分析法和逻辑模型分析法等对数字环保服务业模式进行研究分析。

一、研究思路

本书的研究思路是：第一，在概述中阐明本书的研究背景与意义、研究内容与方法、研究文献述评与主要创新点等，作为前置性导言。第二，阐述数字经济基本理论。当然，由于本书并非专门研究数字经济的著作，所以，该部分并非对数字经济理论的全面系统的阐述，而是阐述数字经济基本的、与本书较为密切相关的重点内容，包括数字经济的基本内涵与特征、产业数字化、数字产业化、平台经济等相关理论，作为本书关于数字环保服务业发展模式的理论基础。在此基础上进一步重点阐述数字环保服务业发展的三大类模式。第三，基于产业数字化理论的环保服务业数字化模式研究，这是数字环保服务业发展的第一大类模式。第四，基于数字产业化理论的环保数字产业化模式研究，这是数字环保服务业发展的第二大类模式。第五，基于平台经济理论的环保服务业数字化模式研究，这是数字环保服务业发展的第三大类模式。在这三大类模式中，又包含多种具体的模式类型，构成本书研究的主体部分。第六，研究目前我国数字环保服务业发展的困难。如果说前文的研究属于成功经验总结型的研究角度，那么该部分主要从反面分析实践探索中遇到的难点问题，从正反两方面为下文提出对策建议奠定更加坚实的基础。第七，紧密结合上文关于数字环保服务业发展模式的理论分析、案例分析和困难分析，提出进一步促进我国数字环保服务业发展的对策建议。至此，形成了本书较为完整的逻辑思路。

二、研究内容

（一）总体研究内容框架

本书关于数字环保服务业发展模式的研究，分为依次递进的五个层次：第一层次为数字环保服务业研究概述；第二层次阐述了数字经济基本理论；第三层次研究了数字环保服务业发展模式，包括基于产业数字化理论的环保服务业数字化模式研究、基于数字产业化理论的环保数字产业化模式研究以及基于平台经济理论的环保服务平台模式研究；第四层次为数字环保服务业发展困难研究；第五层次为数字环保服务业发展对策建议。见图1.1。

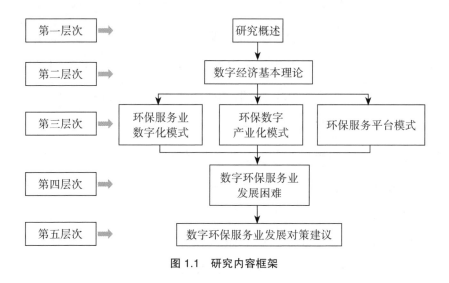

图 1.1　研究内容框架

其中，第三层次中的环保服务业数字化模式研究、环保数字产业化模式研究以及环保服务业平台模式研究为总体研究内容的主体部分。

（二）环保服务业数字化模式研究内容框架

环保服务业数字化是数字环保服务业发展的重要内容。对环保服务业数字化模式进行深入分析，包括针对环保服务业数字化特征的总结概括，对环保服务业数字化模式实现机制、作用机制和产业效应的分析阐述。解决的理论问题主要是环保服务业数字化模式如何形成、分类以及发挥怎样作用。环保服务业数字化模式主要包括外部技术助力型模式和数字生态赋能型模式两种模式。

外部技术助力型模式是环保服务业数字化的重要模式。首先，分析外部技术助力型环保服务业数字化模式的特征。其次，对外部技术助力型环保服务业数字化模式的实现机制、作用机制和产业效应进行研究。

数字生态赋能型模式是环保服务业数字化的又一重要模式。对数字生态赋能型环保服务业数字化模式的研究主要包括特征分析、实现机制、作用机制和产业效应等。

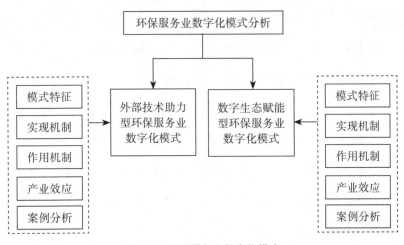

图 1.2　环保服务业数字化模式

（三）环保数字产业化模式研究内容框架

环保数字产业化是数字环保服务业发展的又一重要方面。在数字产业化理论的基础上，主要研究环保数字产业化模式形成的影响因素以及模式的实现机制和产业效应。主要解决的理论问题是环保数字产业化模式是怎样形成的、是如何运行的以及是如何发挥作用的。环保数字产业化模式主要包括数据更新型模式、平台交易型模式和方案应用型模式三种模式。

数据更新型模式是环保数字产业化的重要模式。首先，对影响数据更新型环保数字产业化模式形成的因素进行阐述；其次，基于数据更新型环保数字产业化模式的理论分析，对该模式的实现机制进行研究；再次，基于环保数字产业化理论中产业效应分析，对该模式的产业效应进行研究。

平台交易型模式也是环保数字产业化的重要模式。基于环保数字产业化理论中的实现机制、产业效应理论，主要研究平台交易型环保数字产业化模式形成的影响因素、实现机制和产业效应。并对"云鲸网"进行案例分析，验证理论部分的正确性。

方案应用型模式是环保数字产业化的又一重要模式。基于环保数字产业化理论中的实现机制、产业效应理论，主要研究方案应用型环保数字产业化模式形成的影响因素、实现机制和产业效应。最后，对"旭诚科技智慧环保大数据解决方案"进行案例分析，验证理论部分的正确性。见图1.3。

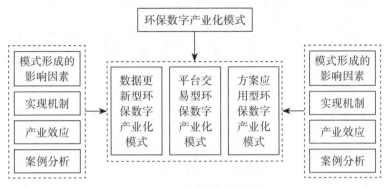

图1.3　环保数字产业化模式

（四）环保服务平台模式研究内容框架

环保服务平台模式是数字环保服务业发展的重要模式。以平台经济理论中关于平台的性质、形成和产业效应为基础，主要研究环保服务平台的构成与分类、形成原因和产业效应等；研究逻辑是：环保服务平台模式是什么样的（构成与分类），它是为何形成的（形成原因），它如何发挥作用（产业效应）。环保服务平台模式主要研究电商型环保服务平台模式和资讯型环保服务平台模式。

电商型模式是重要的环保服务平台模式。基于平台经济理论，首先，对电商型环保服务平台模式特征进行分析。其次，研究模式的不同发展阶段行为与运行机制。再次，研究模式的作用机理。其研究逻辑是：平台性质（模式特征）影响平台行为（发展阶段、运行机制），平台行为影响平台效应（作用机理）。

资讯型模式同样是重要的环保服务平台模式。以平台经济理论中平台性质、平台行为、产业效应理论为基础，主要针对该模式的基本特征、发展阶段、运行机制和作用机理进行研究。见图1.4。

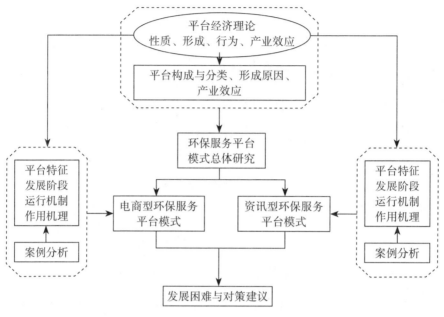

图 1.4　环保服务平台模式

三、研究方法

（一）文献分析法

文献分析法是一种根据特定的研究目的或课题，通过多种途径检索文献来获取有关资料，对所研究问题的相关文献资料进行整合，以便于对所研究的问题全面地、准确地了解的一种方式。本书以数字环保服务业发展模式为研究方向，通过图书馆资源搜寻数字经济及数字环保服务业相关著作，通过电子图书馆学术资源数据库、学术会议、个人交流和利用计算机网络等科学研究文献等途径，检索相关资料。如：通过对相关著作和文献的分析，对研究资料的深入挖掘，对数字经济及产业数字化、数字产业化等涉及的研究领域、方向以及现有成果进行总结，梳理代表性观点并撰写文献综述，对已有研究进展及不足之处进行整理，提出需要研究的理论问题，对产业数字化和数字环保服务业的特征、模式的形成因素、模式的分类依据等进行研究，实现理论与实践的结合，丰富本书的理论广度与深度。

（二）案例分析法

案例分析方法是通过对代表性案例进行深入分析研究，从而对所研究的问题获得总体认识的研究方法。

本书采用案例分析法进行研究，理由如下：在本书的研究中需要探讨数字环保服务业模式构建过程中是如何演化发展的问题，此类问题属于"怎么样"的问题，适用于案例分析开展研究工作。本书探索的研究问题并不是极端现象或个别现象，而是数字经济背景下较为普遍的新现象，通过案例研究中的案例内分析和跨案例比较，加深对案例的理解，对模式的内容进行印证和补充，有助于形成准确性、普遍性的研究结论。[①] 比如，本书在研究两种环保服务业数字化模式时，选取典型的环保服务企业数字化转型案例进行双案例研究，通过分析代表性企业数字化转型的资料，来验证两种环保服务业数字化模式的模式特征、实现机制、作用机制等理论研究；通过研究分析不同环保企业数字化转型的路径、实现机制和作用机制，提出案例研究结论。再比如，在环保数字产业化研究中，本书以"北极星""a 环保 APP"以及"旭诚科技智慧环保大数据解决方案"等优秀案例为研究对象，收集并深入分析研究案例的相关资料，对环保数字产业化模式的特征、实现机制以及产业效应部分进行验证。通过界定环保数字产业化的研究

---

① 毛基业、陈诚：《案例研究的理论构建：艾森哈特的新洞见——第十届"中国企业管理案例与质性研究论坛（2016）"会议综述》，《管理世界》2017 年第 2 期。

范围，确定资料搜集的方向以及重点领域；采用查阅文件、访谈、观察等多种形式获得相关资料，并对所得资料展开定性分析以确保案例有效性和完整性。通过深入剖析案例以及全方位梳理，对研究案例的内在逻辑以及特征进行深度把握，进一步保障案例资料的专业性。

（三）比较研究法

比较研究法是对相关联的事务进行比较，以探究异同，进而发现事物的本质和规律，从而作出合理化评价的研究方法。本书对比较研究的应用方面，比如：在产业数字化、环保服务业数字化和不同环保服务业数字化模式的特征研究时，通过对比相关概念总结其特征；在对不同模式的案例分析时，采用双案例研究，通过对比两个环保服务企业的发展目标、发展历程、数字化机制等方面，验证理论研究的正确性；在数据更新型环保数字产业化模式的研究时，采用双案例研究对比分析，通过对比分析法把两个采用同种环保数字产业化模式的公司的具体行为、机制以及产品功能进行比较，直观展示和说明环保数字产业化模式的重要作用，有利于对数据更新型环保数字产业化模式理论的印证和补充。

（四）E-R概念模型分析法

E-R概念模型分析法是表示概念关系模型的一种方式，展示了各因素之间的包含与被包含关系，提供了表示实体类型、属性和联系的方法。本书在对环保服务业数字化模式的特征分析时，构建E-R图模型并梳理模式中的主体类型和属性，分析归纳不同主体的联系；在探究环保数字产业化的模式过程中，采取绘制E-R图（实体联系图）的方式，将抽象化的模式用E-R图具体地表示出来，将其形象化；在构建数据更新型环保数字产业化模式、平台交易型环保数字产业化模式、方案应用型环保数字产业化模式时，采用 E-R 概念模型分析法进行绘制，形象直观体现出环保数字产业化模式的运作。

（五）逻辑模型分析法

逻辑模型分析法可以形象直观地体现出分析中各个因素之间直接的因果逻辑关系。常用的逻辑模型有层次模型、网状模型和关系模型。比如，本书在环保服务业数字化模式效应分析时采用网状模型，通过"图结构"来展示环保服务业数字化过程中各个因素之间直接的因果逻辑关系；关于环保服务业数字化模式总体分析的基础逻辑框架也是运用采用网状模型分析法梳理理论部分的因果逻辑关系。

第三节　研究文献述评

目前专门针对数字环保服务业模式的研究文献相对较少，本书主要围绕产业数字化及环保产业数字化、数字产业化及环保数字产业化、数字环保服务平台经济等相关的文献进行综述，并在此基础上做简要述评。

一、产业数字化相关研究

国内外学术界关于产业数字化的研究，主要涉及产业数字化的内涵、产业数字化的影响因素、产业数字化对企业的作用机理、产业数字化转型模式和路径研究四个方面。

（一）产业数字化的内涵研究

从具体内容来看，不同国家和不同行业，对产业数字化的内涵有不同的理解。在美国，迈克尔·格里夫斯（Michael Grieves）早在

2003 年就在产品生命周期管理（PLM）的研究报告中提出了"数字化双胞胎"（Digital Twin）的概念并对数字化双胞胎进行了解释，即在生产管理体系中构建数字化模型，利用数字技术实现管理现场和产品生命周期的透明化，实现实体设备生产过程在运营管理平台上的指挥调度和调整。[①] 德国的数字化转型具体以德国"工业 4.0"为代表，黄阳华通过对德国"工业 4.0"的特征分析，认为互联网技术与制造业融合和制造业智能化是"工业 4.0"的重要特征，通过先进的物联网技术改变组织模式和人机关系，将制造业向智能化方向升级，实现技术、组织方式和企业管理模式的全方位提升。[②] 英国于 2017 年提出《英国数字化战略》，刘阳概括了英国数字化战略的七方面内容，认为可通过与技术业界密切合作等具体途径实现数字化业务推进、新型技术适用和先进技术研究，同时对其中的网络空间战略进行了具体阐释。[③] 从上述文献可以看出国外在国家层面对产业数字化内涵的定义多是以具体的战略、体系为基础并从中衍生的。

在国内，国家信息中心信息化和产业发展部发布的《中国产业数字化报告 2020》认为产业数字化是指在新一代数字技术的支撑下，以数据为核心要素，通过价值释放和数据赋能对产业链上下游进行全要素数字化升级、转型和再造。[④] 中国科学院科技战略咨询研究院课题组在《产业数字化转型：战略与实践》一书中指出，产业数字化是通

---

① Michael W. Grieves, "Digital Twin: Manufacturing Excellence through Virtual Factory Repli-cation", 2014.

② 黄阳华：《德国"工业 4.0"计划及其对我国产业创新的启示》，《经济社会体制比较》2015 年第 2 期。

③ 刘阳：《〈英国数字化战略〉之网络空间战略》，《保密科学技术》2017 年第 4 期。

④ 中国信息通信研究院：《中国数字经济发展白皮书（2020 年）》。

过大数据、云计算等先进技术与业务的结合，通过打破行业间和层级间的数据壁垒，实现业务流程的高效化、客户体验优化、价值创造广化，改变产业原有的产业组织结构、管理模式、生产决策模式、商业模式等，实现产业形态的扁平化和产业间的协同化。[①]我国学者在此基础上多从行业层面对产业数字化内涵进行具体延伸，并多认为数字技术与传统产业的深度融合是产业数字化实现的前提。何伟等认为产业数字化是通过数字技术与不同行业的融合，实现全行业的要素贯通，形成信息流推动物流、资金流的发展模式，提高行业发展效率和产业质量，进而实现组织模式与商业模式的变革。[②]张越、刘萱等将产业数字化定义为利用数字技术打破行业层面的数据壁垒，构建数据应用闭环，实现数字技术与各行业的深度融合。[③]王春英、陈宏民认为产业数字化即为通过利用数字技术对原有流程进行优化实现传统产业与数字技术的融合。[④]

（二）产业数字化的影响因素研究

目前学术界对产业数字化影响因素的研究较为分散，没有形成完整的理论体系。在前期，多为单一影响因素研究。王威、朱京海结合辽宁省智慧环保的发展情况，提出以大数据处理技术为主的数字技术是实现智慧环保，促进环保产业数字化发展的关键。[⑤]朱群则从政府

---

①　中国科学院科技战略咨询研究院课题组：《产业数字化转型：战略与实践》，机械工业出版社 2020 年版，第 3—4 页。

②　何伟、张伟东、王超贤：《面向数字化转型的"互联网＋"战略升级研究》，《中国工程科学》2020 年第 4 期。

③　张越、刘萱、温雅婷、余江：《制造业数字化转型模式与创新生态发展机制研究》，《创新科技》2020 年第 7 期。

④　王春英、陈宏民：《数字经济背景下企业数字化转型的问题研究》，《管理现代化》2021 年第 2 期。

⑤　王威、朱京海：《基于大数据的辽宁智慧环保新思路》，《环境影响评价》2016 年第 2 期。

数字环保政策角度出发，认为良好的制度环境能促使环保产业的数字化发展，并主张通过完善环保产业政策、建设环保信息规范体系为环保产业数字化提供坚实基础。[①]李永红、黄瑞提出企业认识和人员素质是影响产业数字化发展的重要因素；企业对数字化的认识程度决定企业发展战略和发展方向，同时专业的数字化人才对于深挖大数据的潜在价值、实现价值增长具有重大作用。[②]在吸收借鉴前人的研究后，近年来对产业数字化的影响因素研究以多元影响因素研究为主，刘焕、温楠楠认为数字技术水平和企业管理模式是影响智慧环保发展的重要因素。[③]杨继东等将制造业数字化转型影响因素分为宏观经济环境、数字基础设施、行业成本、企业内部因素和政府针对性政策因素五类。[④]董华等从企业内部信息技术基础设施、产品和服务特征、合作伙伴关系、企业自身规模等方面论述数字化驱动制造企业服务化转型的影响因素。[⑤]多元影响因素研究成为今后研究产业数字化影响因素研究的趋势。

（三）产业数字化对企业的作用机理研究

产业数字化对企业的作用机理研究多集中在商业模式革新和生产效率提升两个角度。在商业模式革新角度上，张骁等认为产业数字化促进企业商业模式革新，跨平台合作成为企业间实现资源共享、协作

[①] 朱群：《论智慧环保建设存在的问题与对策》，《环境研究与监测》2017 年第 1 期。

[②] 李永红、黄瑞：《我国数字产业化与产业数字化模式的研究》，《科技管理研究》2019 年第 16 期。

[③] 刘焕、温楠楠：《"互联网＋"智慧环保技术发展研究》，《绿色环保建材》2021 年第 1 期。

[④] 杨继东、叶诚：《制造业数字化转型的效果和影响因素》，《工信财经科技》2021 年第 4 期。

[⑤] 董华、隋小宁：《数字化驱动制造企业服务化转型路径研究——基于 DIKW 的理论分析》，《管理现代化》2021 年第 5 期。

发展、产品和服务创新的重要途径，实现了价值共创和价值增长。[①]
陈剑等提出多方合作模式取代了以往的单一发展模式，企业通过多方
资源整合提高自身数据分析能力，增强自身竞争力。[②] 戚聿东和蔡呈
伟认为在数字经济背景下，商业环境具有不确定性，数字化转型能促
进企业充分了解客户，提高决策能力，减少决策失误，推动商业模式
创新演变，实现盈利模式创新、收入增加。[③] 在生产效率提升角度上，
戚聿东和蔡呈伟认为数字化能把抽象的经验、知识具体化，提高生产
效率。[④] 杨伟则认为数字技术的应用能够实现业务模式转变、组织特
性转变，能够提高工作流程效率和生产效率的提升。[⑤]

（四）产业数字化转型模式和路径研究

关于产业数字化转型模式和路径，学术界主要从以下几个方面
进行研究：在产业数字化转型模式方面，荆浩和尹薇基于对具体物
业服务企业数字化转型的案例分析，得出企业需经过供应者模式、全
渠道模式和生态系统驱动者模式的转型过程实现产品创新、服务渠
道拓展和商业模式的转变。[⑥] 张越等通过对制造业数字化转型进行研
究，认为制造业数字化转型模式主要包括设计模式数字化转型、管理
模式数字化转型和商业模式与服务方式数字化转型，并建议通过建立

① 张骁、吴琴、余欣：《互联网时代企业跨界颠覆式创新的逻辑》，《中国工业经济》2019
年第 3 期。
② 陈剑、黄朔、刘运辉：《从赋能到使能——数字化环境下的企业运营管理》，《管理世
界》2020 年第 2 期。
③ 戚聿东、蔡呈伟：《数字化对制造业企业绩效的多重影响及其机理研究》，《学习与探
索》2020 年第 7 期。
④ 戚聿东、蔡呈伟：《数字化企业的性质：经济学解释》，《财经问题研究》2019 年第 5 期。
⑤ 杨伟、刘健、周青：《传统产业数字生态系统的形成机制：多中心治理的视角》，《电子
科技大学学报（社科版）》2020 年第 2 期。
⑥ 荆浩、尹薇：《彩生活：数字化驱动商业模式转型》，《企业管理》2019 年第 9 期。

技术驱动、平台主导和数据推动机制促进制造业数字化转型。[①]汉森（Hansen R.）、凯恩（S.Kien）指出企业需要采用合作模式，通过与其他企业建立数字平台促进技术和知识的交流，实现产业数字化。[②]杨卓凡将产业数字化转型模式归结为社会动因主导的倒逼模式和创新动因主导的增值服务模式。[③]从产业数字化转型路径方面来看，吕铁认为传统产业数字化转型可从企业、行业和园区三个层面入手，通过智能制造、平台赋能和生态构建实现企业、行业和园区层面的数字化转型。[④]吕明元认为可以通过建立产业园区，以政策优惠、技术供给的方式实现集聚效应，实现产业的数字化转型。[⑤]沈克印等通过研究数字经济时代下体育服务业数字化的价值维度，提出应通过政府维度、产业维度和企业维度三方面实现数字化转型。[⑥]

二、环保产业数字化相关研究

目前对环保产业数字化的研究较少，主要集中在大数据技术对环保产业的应用研究和智慧环保的实现路径研究上。

（一）大数据技术在环保产业的应用研究

大数据技术作为数字技术中重要的一部分在环保产业中的应用主要有以下方面：孙永鹏在研究中分析了数字技术对生态环保领域的影

① 张越、刘萱、温雅婷、余江：《制造业数字化转型模式与创新生态发展机制研究》，《创新科技》2020 年第 7 期。

② Hansen R., S.Kien, "Hummel's Digital Transformation toward Omnichannel Retailing: Key Lessons Learned", *MIS Quarterly Executive*, No.2, 2015.

③ 杨卓凡：《我国产业数字化转型的模式、短板与对策》，《中国流通经济》2020 年第 7 期。

④ 吕铁：《传统产业数字化转型的趋向与路径》，《人民论坛·学术前沿》2019 年第 18 期。

⑤ 吕明元：《传统产业数字化转型应向何处发力》，《经济日报》2020 年 6 月 18 日。

⑥ 沈克印、寇明宇、王戬勋、张文静：《体育服务业数字化的价值维度、场景样板与方略举措》，《体育学研究》2020 年第 3 期。

响，认为大数据技术在提高数字环保管理水平、数据挖掘分析水平上具有重要作用，数据的高效处理、精准分析为科学决策奠定基础。[①]于劲磊等通过对页岩气开发环保领域研究，认为大数据技术在页岩气开发层面的应用将实现环保数据的实时监控、测算和预警，改变企业管理模式，实现企业向精细化管理的转变，促进企业内部资源优化，提高企业日常经营效率。[②]吴宏基和岳江静通过对我国垃圾分类产业的研究，认为大数据技术在增大宣传力度、搭建智能平台和建设配套设施三方面有重要作用。[③]相关的文献研究多停留在大数据技术对某一具体产业的应用，对环保产业的整体研究较少。

（二）智慧环保的实现路径研究

智慧环保作为环保产业数字化的重要内容，为环保产业数字化的研究提供了重要参考。我国学者对智慧环保的实现路径研究主要从政府、产业和企业三方面提出相应实施路径。在政府和企业层面，刘锐等从环保产业的发展需求出发梳理了环保数据的收集、处理、决策等方面的现状和问题，提出在企业层面大力发展数字技术，实现数据深度挖掘分析和业务协同；在产业层面培育新兴业态，大力发展环保信息服务业。[④]王舒娅认为应从政府和企业两方面着手，在政府层面完善相关政策、加强要素保障，为智慧环保提供外部支持；在企业层面

---

① 孙永鹏：《试论大数据技术在生态环境保护领域的应用架构及相关技术》，《中小企业管理与科技》2021 年第 2 期。

② 于劲磊、江丽、杨杰、王越、周微：《物联网＋大数据技术在页岩气开发环保领域应用探索》，《广东化工》2021 年第 3 期。

③ 吴宏基、岳江静：《基于大数据的垃圾分类智能化应用研究》，《营销界》2020 年第 35 期。

④ 刘锐、刘文清、谢涛、杨婧文、席春秀、姚逸斐、韦维：《"互联网＋"智慧环保技术发展研究》，《中国工程科学》2020 年第 4 期。

加强技术创新、提高科技成果转化效率同时整合内外部要素资源，实现多元创新要素共赢模式。[①] 刘焕、温楠楠则是从产业层面出发，认为智慧环保首先需要技术的革新，同时应构建完整产业链，扩大产业规模，提高产业核心竞争力；其次，规范行业内部技术，更新环保服务模式为产业转型做好前期准备。[②]

三、数字产业化相关研究

（一）数字产业化理论

目前学术界针对数字产业化理论的研究角度多样，主要涉及数字产业化的概念、特定产业及特定领域的数字产业化研究、数字产业化的影响因素以及数字产业化路径和模式等方面：

一是围绕数字产业化概念的研究。数字产业化是一个动态发展的过程，不同学者对于数字产业化的具体描述不同。国外学者利普西（Lipsey R.）等强调了数字技术因其强渗透性优势，对提升国民经济各部门的生产率方面具有重要作用。[③] 这一观点在国内得到广泛认同。在国内，部分学者在对数字产业化的定义中也强调了数字技术的应用。例如曹伟伟、华昊认为现代信息技术的市场化应用是推动数字产业化形成的重要动力。[④] 杨大鹏与曹伟伟、华昊的观点基本一致，认为数字产业化是数字技术的市场化应用、推动数字产业形成和发展的

---

① 王舒娅：《我国智慧环保发展现状与前景》，《中国信息界》2020 年第 5 期。
② 刘焕、温楠楠：《"互联网+"智慧环保技术发展研究》，《绿色环保建材》2021 年第 1 期。
③ Lipsey R., Carlaw K., Bekar C., *Economic Transformations:General Purpose Technologies and Long-Term Economic Growth*, Oxford University Press,2006, pp.1-2.
④ 曹伟伟、华昊：《如何理解"加快推进数字产业化、产业数字化"》，《解放军报》2018 年 9 月 22 日。

过程。① 中国信息通信研究院在相关研究成果中认为数字产业化的范畴包括互联网、电子信息制造、软件服务等行业以及"大智移云物"等数字技术。② 李腾、孙国强、崔格格强调数字产业化是数字技术的产业化过程，数字技术贯穿于数字产业化的全过程。③ 此外，随着数字经济的不断发展，数字产业化的内容和外延也得到进一步拓展。学术界对数字产业化进行定义的过程中更加注重将数字化的信息和知识转化为生产要素，使之成为推动经济发展和社会进步的生产力。李永红、黄瑞以数据为核心，认为数字产业化是作用于数据，形成数字产品，增加数据信息价值的过程。④ 这一观点认为数字作为数字产业化的生产要素，以数字为核心，较为具体地对数字产业化进行描述，与本书的研究更为接近。在此观点的基础上，学者们将数字信息与数字技术手段结合起来，对数字产业化概念进行较为全面的描述。覃洁贞、吴金艳等认为数字产业化是以数字化的知识和信息为生产要素，以大数据、云计算等数字技术为市场手段，发挥数字技术优势，推动数字产业链和数字产业集群形成的过程。⑤ 夏鲁惠、何冬昕从生产关系的角度对数字产业化的概念进一步扩展，认为数字产业化是通过共享经济以及网络协同等生产活动重构生产关系，从而推动数字产业链和产

---

① 杨大鹏：《数字产业化的模式与路径研究：以浙江为例》，《中共杭州市委党校学报》2019 年第 5 期。

② 中国信息通信研究院：《中国数字经济发展白皮书（2020 年）》。

③ 李腾、孙国强、崔格格：《数字产业化与产业数字化：双向联动关系、产业网络特征与数字经济发展》，《产业经济研究》2021 年第 5 期。

④ 李永红、黄瑞：《我国数字产业化与产业数字化模式的研究》，《科技管理研究》2019 年第 16 期。

⑤ 覃洁贞、吴金艳、庞嘉宜等：《数字产业化高质量发展的路径研究——以广西南宁市为例》，《改革与战略》2020 年第 7 期。

业集群发展壮大的过程。[①]

　　二是围绕特定产业的研究，关于数字产业化特定产业的研究，主要集中在大数据信息产业，其代表性观点是数字产业化是围绕大数据信息产业进行的。围绕这一观点学者们有不同的表述。在研究中国数字经济高质量发展的过程中，刘淑春认为数字产业化是围绕数字产业进行的。[②] 李永红、黄瑞在此基础上进一步将大数据信息产业细化为基础电信、电子制造、软件及服务以及互联网等信息产业。[③] 杨佩卿围绕"数字产业化是以信息产业为核心"这一观点，进一步丰富了数字产业化的研究，认为数字产业化涵盖了信息的生产与使用、技术的创新、产品和服务的生产与供给以及技术服务等多种新业态、新模式。[④] 综合上述学者的研究，后续学者在研究数字产业化时，将信息产业包含在数字产业化涉及的产业之中。例如潘为华、贺正楚、潘红玉在选取数字产业化指标构建数字经济发展评价指标体系的过程中指出，数字产业化主要包括电子信息制造业、信息通信业、软件服务业和互联网相关行业。[⑤]

　　三是围绕特定地域的研究。尽管目前尚未形成大范围关于数字产业化地域的研究，但已有学者结合不同地域对数字产业化进行研究，丰富了数字产业化的研究视角。结合不同地区的发展优势，有关学者

　　① 夏鲁惠、何冬昕：《我国数字经济产业从业人员分类研究——基于 T-I 框架的分析》，《河北经贸大学学报》2020 年第 6 期。

　　② 刘淑春：《中国数字经济高质量发展的靶向路径与政策供给》，《经济学家》2019 年第 6 期。

　　③ 李永红、黄瑞：《我国数字产业化与产业数字化模式的研究》，《科技管理研究》2019 年第 16 期。

　　④ 杨佩卿：《数字经济的价值、发展重点及政策供给》，《西安交通大学学报（社会科学版）》2020 年第 2 期。

　　⑤ 潘为华、贺正楚、潘红玉：《中国数字经济发展的时空演化和分布动态》，《中国软科学》2021 年第 10 期。

对数字产业化展开深入研究。例如，覃洁贞等结合广西省南宁市发展状况，提出要推动新基建、巩固优势产业、优化数字产业发展生态圈、提升数字资源开发利用水平、优化政策体系以及加大保障力度等对策建议。[①]为了促进广州市数字产业化发展，谢丽文从人才政策的角度入手，认为需要通过加大人才的政策支持力度，吸引和培育数字产业化优秀人才。[②]刘钒、余明月则围绕我国的长江经济带这一地区，从新型数字产业、新基建、制度体系以及人才培养四个方面进行研究，为推动数字产业化与产业数字化耦合发展提供重要的参考价值。[③]

四是围绕数字产业化影响因素的研究。目前学术界对数字产业化影响因素的研究较为分散，没有形成完整的理论体系，主要集中在以下两种思路。思路一：从宏观角度将数字产业化的影响因素分为外部因素和内部因素两方面进行研究。例如，李永红、黄瑞采用此种研究思路，从外部因素和内部因素两个角度对数字产业化的影响因素进行研究。在此基础之上，又将外部因素和内部因素进一步细分，从政治、经济、社会、文化等方面对数字产业化的外部影响因素进行考察，从组织、业务流程、技术方面考察数字产业化的内部影响因素。[④]思路二：从微观角度细分数字产业化的影响因素。例如，覃洁贞、吴金艳等以探究制约数字产业化发展的因素为出发点，采用微观分析的角度，针对数字基础设施建设、基础产业发展情况、产业集聚化发展水

---

①　覃洁贞、吴金艳、庞嘉宜等：《数字产业化高质量发展的路径研究——以广西南宁市为例》，《改革与战略》2020年第7期。

②　谢丽文：《从税收变化看广东数字产业化竞争力》，《新经济》2020年第1期。

③　刘钒、余明月：《长江经济带数字产业化与产业数字化的耦合协调分析》，《长江流域资源与环境》2021年第7期。

④　李永红、黄瑞：《我国数字产业化与产业数字化模式的研究》，《科技管理研究》2019年第16期。

平、数字资源开发利用率、数字产业统计标准以及规范、持续创新驱动力等不同层面分别论述了对数字产业化的影响。[①]以上两种思路为本书的研究提供了重要的参考依据，拓宽了关于影响因素研究的研究思路。

五是围绕数字产业化模式的研究。目前关于数字产业化模式的研究主要分为两个研究角度：整体研究；具体研究。从整体研究角度来看，主要体现在学者从数字产业化整体出发，在数字产业化模式名称上进行了丰富完善。例如，李永红、黄瑞提出数字产业化信息增值模式，并阐述了该模式的基本表现形式和企业如何选择该模式的方法，[②]对本书环保数字产业化模式的研究起重要的启发作用。从具体研究角度来看，主要体现在学者们深入实际案例，从案例中总结提炼具体的模式名称，这种研究模式的方法被多数学者应用于不同的研究领域。基于数字产业化模式的研究角度，结合浙江省数字产业发展的实践经验，杨大鹏采用从案例中提炼模式名称的研究手段，总结出研发机构驱动模式、龙头企业驱动模式和特色小镇驱动模式三种模式。[③]这种模式研究手段能较为准确地把握模式的个性化特征，使研究人员快速领会不同模式间的差异点，在模式的实际应用过程中能够提升企业对模式选择的效率。上述两种研究角度为本书研究提供重要的参考导向。

---

① 覃洁贞、吴金艳、庞嘉宜等：《数字产业化高质量发展的路径研究——以广西南宁市为例》，《改革与战略》2020 年第 7 期。

② 李永红、黄瑞：《我国数字产业化与产业数字化模式的研究》，《科技管理研究》2019 年第 16 期。

③ 杨大鹏：《数字产业化的模式与路径研究：以浙江为例》，《中共杭州市委党校学报》2019 年第 5 期。

（二）数字产业化与产业数字化的区分研究

目前对于数字产业化与产业数字化的区别的研究主要集中在数字产业化和产业数字化的定义和作用点两个方面，基于上述两个方面对比分析不同学者的观点，如表1.1所示。

表1.1　数字产业化与产业数字化代表性观点对比

作者	主要观点	
中国数字经济发展白皮书（2017）[①]	数字产业化旨在提升信息价值	产业数字化旨在研究数字技术在其他产业中的应用
曹伟伟、华昊（2018）[②]	数字产业化以现代信息技术为手段，以数字化信息、知识为生产要素，进而实现业态创新、模式创新，进一步推动数字产业链和产业集群形成和发展	产业数字化是以现代信息技术为重要手段，对传统产业进行全方位、全角度、全链条的改造
李晓华（2019）[③]	数字产业化是指数字技术的产业化、规模化直接形成的数字产业；或者是由数字技术不断催生新模式、新模式，进行发展为新产业	产业数字化强调互联网新技术的应用，提高传统产业的全要素生产率，并对传统产业进行高效改造
杜庆昊（2021）[④]	数字产业化是指数字技术市场化、产业化的过程	产业数字化在提升效率、重构竞争模式、推动跨界融合等方面具有积极作用

通过对比分析上述观点，尽管学者们对于数字产业化和产业数字化相关内容的表述还存在一定的差异，但对于数字产业化与产业数字化区别的研究主要集中在定义和作用点两个方面。首先，在定义方面。

---

① 中国信息通信研究院：《中国数字经济发展白皮书（2017年）》。
② 曹伟伟、华昊：《如何理解"加快推进数字产业化、产业数字化"》，《解放军报》2018年9月22日。
③ 李晓华：《数字经济新特征与数字经济新动能的形成机制》，《改革》2019年第11期。
④ 杜庆昊：《数字产业化和产业数字化的生成逻辑及主要路径》，《经济体制改革》2021年第5期。

综合学者们的观点，数字产业化是数字信息自身实现产业化，即数字产业化是以数字信息为生产要素，进一步对数据信息进行整合形成数字产品，进而形成数字产业。由此可以看出，数字产业化在于数字"变现"。而产业数字化在于数字对传统产业的改造，即在传统产业中，通过深度应用数字信息技术，提高传统产业效率，实现传统产业数字化转型。产业数字化采用数字化手段，但其本质还停留在传统产业层面。其次，在作用点方面。数字产业化作用于数字产业，旨在推动数字产业自身发展，进一步应用于各个行业，推动数字产业化的发展。例如本书研究环保数字产业化，在数字产业化的基础上，推进环保与数字产业化融合，扩大数字产业化的发展领域。而产业数字化作用于传统产业，以数字产业与传统产业融合为基础，以通过数字技术、数字产品以及服务的应用推动传统产业转型升级。通过上述两方面的对比分析，总结成为以下观点：数字产业化是"数字＋经济"，在于数字产业催生新经济、新业态，进而获得盈利的过程。产业数字化是"经济＋数字"，在于传统经济数字化转型升级，提高其效率以及劳动生产率。

四、环保数字产业化相关研究

目前学术界对环保数字产业化的系统研究尚未成熟，相关的研究主要分布在环保数字产业化的部分环节，较为碎片化，包括数字技术提升环保产业信息价值方面、数字环保建设方面、环保大数据中心建设方面以及数字基础设施建设方面。

（一）围绕数字技术提升环保产业的信息价值研究

随着数字产业化的深入研究以及在环保领域的开展，相关学者们发现数字技术能够促进环保数字信息增值，这一发现推动了环保数字产业化研究的进程。史谱润、曹嘉颖、陈杰认为数字技术在监测污染数据中起重要作用，能够实现污染数据实时监控，从而推动实时污染数据价值最大化，因此倡议政府应重视数字技术对环保产业的改造升级，要普及污染数据实时监控。[①] 此外，于小溪、王小平在相关研究中指出，通过数字技术的应用，对环保数据信息进行进一步加工，增加数据价值，提高企业对客户需求的掌握程度。[②] 数字技术在提升环保产业的信息价值中具有重要意义，同时，这一研究角度也是环保数字产业化研究中不可忽视的重要内容，为本书的研究提供重要的研究参考。

（二）围绕数字环保平台建设研究

在研究数字产业化的发展过程中，有不少国内学者在平台建设方面涉及本书研究的数字环保平台建设相关的内容。数字技术在环保平台建设中必不可少，掌握数字技术是数字环保平台建设的前提条件。杨学军、周聿泓在研究中发现系统化平台的搭建离不开数字技术的支撑，移动执法、资源整合、模型应用都离不开物联网的参与。[③] 刘旭等认为数字环保平台主要依托物联网、大数据以及数值模型等手段对数据进行分析，从而提供数据支持及社会服务。[④] 此外，搭建环保数

---

① 史普润、曹佳颖、陈杰：《数字时代企业环境审计模式创新——基于环保政策响应机制的研究》，《南京审计大学学报》2021 年第 5 期。
② 于小溪、王小平：《数字经济推动河北省环保产业信息增值研究》，《河北企业》2021 年第 3 期。
③ 杨学军、周聿泓：《基于智慧化的数字环保一体化平台建设与研究——以深圳为例》，《环境》2015 年第 S1 期。
④ 刘旭、张海东、张佳新：《基于"天地空"一体化监测与综合管控的"智慧环保"项目》，《创新世界周刊》2020 年第 2 期。

字平台对促进环保产业发展具有重要实际意义。曲鹏认为建立健全"数字环保"平台对促进环境信息化发展具有重要意义。[①] 杨学军、陈爱忠表明平台的实际应用促进了环境管理模式创新。[②] 因此,学术界对数字环保平台的建设持积极态度,不少学者针对平台建设提出针对性举措。例如,王爱华等提出要加强资源共享服务平台、公共服务平台和城市管理决策指挥平台建设,通过平台应用实现数据进一步清洗加工;通过数据实现互联互通,实现城市管理跨部门协作,推动平台在诸多环保领域的投入应用。[③]

（三）围绕环保大数据中心建设研究

环保大数据中心建设是环保产业发展的基础保障。在这一研究领域,学者们起步较早。严兴祥认为,有效、可靠的环保数据是一切工作的基础和前提,智慧环保数据中心是智慧环保建设的根基。[④] 此外,我国学者在环保大数据中心建设方面具有前瞻性眼光。甄欣、游波针对建设污染源数据中心,提出数据中心的建设要有统一的标准规范、数据资源目录,从而保障环保数据中心对数据的整合汇总、标准化和再组织等建议。[⑤]

（四）围绕数字基础设施建设研究

数字基础设施建设是环保数字产业化发展的前提条件,因此涉及

---

① 曲鹏:《"数字环保"对外网站技术与建设分析——以牡丹江环境保护局网站系统建设为例》,《资源节约与环保》2014 年第 8 期。

② 杨学军、陈爱忠:《数字环保环境预警与平台建设研究》,《生态经济》2015 年第 3 期。

③ 王爱华、修翠梅、吴利民、杨仙瑜:《浅析数字经济视域下新型智慧城市的建设思路——以德宏州为例》,《智能城市》2020 年第 17 期。

④ 严兴祥:《智慧环保数据中心设计分析研究》,《科技创新导报》2017 年第 9 期。

⑤ 甄欣、游波:《环保污染源数据动态更新机制研究》,《计算机光盘软件与应用》2014 年第 5 期。

的建设领域也是多方面的。张晓民、金卫认为信息基础设施主要涵盖了通信网络基础设施、新技术基础设施以及算力基础设施等方面，各个方面又囊括了多个子方面，并且认为推进数字基础设施建设有助于突破数据孤岛瓶颈，发挥数据的效能。[①]上述学者对数字基础设施涉及的方面阐述较为翔实。在此基础上，学术界对数字基础设施建设提出更深层次的要求。孙轩、单希政提出要构建虚实结合的空间信息基础设施，对不同渠道获取的异构数据资源，如气象、公安、消防、医疗、环保、市政等多部门数据进行深度融合，从而推进跨部门数字协同整合。[②]在相关学者高标准的数字基础设施建设目标的推动下，数字基础设施建设方面的研究也越来越完备，为推进环保数字产业化提供了理论基础。

五、环保服务平台模式相关文献梳理

主要从平台经济理论下环保服务业发展模式现状、作用机理和模式建设三个方面对以往文献进行梳理：

（一）平台经济理论下环保服务业发展模式研究

我国学者主要从产业与技术融合的角度对平台经济理论下环保服务业发展模式现状进行了研究。主要有以下几种观点：王小平等按主导企业不同将"互联网＋"环保服务业发展模式分为三种类型：互联网公司主导型模式、环保服务企业主导型模式和环保制造商主导型模

---

① 张晓民、金卫：《以新型基础设施建设推动经济社会高质量发展》，《宏观经济管理》2021 年第 11 期。

② 孙轩、单希政：《智慧城市的空间基础设施建设：从功能协同到数字协同》，《电子政务》2021 年第 12 期。

式，提出"互联网+"要通过提高环保服务信息化水平，推动实现智能环保服务，降低成本，创新业态，提升服务质量和服务效率，增加环保服务附加值，促进环保服务业转型升级。[①]冯为为认为目前推动全球经济增长、应对气候变化、治理环境污染问题的压力席卷全球，我国需探索实现能源高效化、清洁化和市场化，促进节能环保产业发展。[②]房进、陈卓以北京金州奥丰环境科技有限公司的具体做法为例，提出互联网要通过+环保信息服务、环保技术服务和品牌服务破解环保服务业发展困境。[③]马磊认为环保服务业作为环保产业的一部分，已经形成了以改善环境质量和服务污染治理为中心的一类服务业，其与互联网的融合实现了环保服务行业的高速运行以及服务管理方面的创新，而且已经成为环保服务行业向智能化和个性化发展的催化剂。[④]郭志达建立了"互联网+"与环境污染治理融合发展的概念模型，提出了在"互联网+"时代下应提升治理人员技术能力与综合素质、加强网络宣传与信息发布、加强环保跨界联动与协调合作等建议。[⑤]

（二）环保服务平台模式的作用机理研究

吴丽华提出"互联网+"智慧生态环保模式，该模式通过对社会发展状况的科学评判，来帮助决策者对环境保护进行科学决策和准确

①　王小平、陈卓、刘天奥、房进：《"互联网+"促进环保服务业转型升级问题研究——兼析完善绿色环保价格的建议》，《价格理论与实践》2018年第11期。

②　冯为为：《"互联网+"将深入推动我国节能环保产业高层次发展》，《节能与环保》2018年第9期。

③　房进、陈卓：《互联网下环保服务业发展困境如何破解——以北京金州奥丰环境科技有限公司为例》，《现代企业》2018年第8期。

④　马磊：《"互联网+"背景下的环保服务业发展问题研究》，《现代盐化工》2018年第6期。

⑤　郭志达：《"互联网+"时代环境污染治理转型发展的问题与对策》，《环境监测管理与技术》2017年第2期。

预判，以解决传统社会治理存在的群众提不起参与治理的积极性的问题。① 王小平等认为互联网公司是主导环保服务业转型升级模式通过建设环保服务互联网，为环保供求方提供环保产品、环保服务、环保融资、环保人力等中介服务的专业性或综合性环保服务平台，实现精准匹配，便捷交易和跨界合作，提升环保服务效果和效率，促进环保服务产业链优化整合。② 王节祥、蔡宁、盛亚以江苏宜兴环保产业集群推出的"环境医院"模式为典型个案，剖析了实体产业集群"互联网+"转型的过程机理，提出该模式可以实现集群生态生产率、多样性和稳定性的提升。③ 陈卓提出互联网有利于信息共享、信息技术水平的提升和新经营模式的出现，环保服务业的发展应通过互联网信息技术提高公众参与度及政府管理效率、打造供应链云平台、创建环保众筹平台等方式促进环保服务产业转型升级。④

（三）环保服务平台模式建设研究

关于环保服务平台建设，我国学者主要从以下几个方面进行了相关研究：高小娟等提出对于环保科技创新平台来说，从运行机制而言，要保证平台的开放性，推动平台向第三方平台方向发展；从人才团队而言，可采用全职雇用工程师和专职运营服务团队，引用具备流动性的技术团体，在平台统一监督管理下开展工作；从投入

---

① 吴丽华：《"互联网+"智慧环保生态环境多元感知体系发展研究》，《化工管理》2020年第2期。

② 王小平、陈卓、刘天奥、房进：《"互联网+"促进环保服务业转型升级问题研究——兼析完善绿色环保价格的建议》，《价格理论与实践》2018年第11期。

③ 王节祥、蔡宁、盛亚：《龙头企业跨界创业、双平台架构与产业集群生态升级——基于江苏宜兴"环境医院"模式的案例研究》，《中国工业经济》2018年第2期。

④ 陈卓：《"互联网+"促进环保服务业转型升级研究与政策建议》，《河北企业》2018年第2期。

收益而言，要拓宽投资渠道，完善分配机制的合理性。[①] 陈武权认为江西省环保大数据平台通过对环境数据的整理，建立统一的环保大数据平台，能够更高效实现数据的共享和发布，更好地用数据说话，充分发挥大数据在环境保护行政管理的作用。[②] 王影、赵裕平基于绿色供应链系统对企业环保信息集成平台的搭建进行研究，提出平台的构建路径包括需求的描述与分解、信息获取与监控、评价与反馈三个步骤，平台需持续、动态地进行不断完善，根据需求变化不断升级。[③] 国冬梅、王玉娟认为环保大数据平台建设需要依托合作机制，获取海量数据，建设基础软硬件环境。一是引入大数据、云服务等先进信息技术，对共享平台进行整体构架。二是依托现有合作机制和经济走廊，分步骤搭建信息共享平台。三是做好平台的软硬件基础环境建设。[④]

六、相关文献评述

（一）环保服务业数字化相关文献评述

通过梳理产业数字化和环保产业数字化的相关文献发现，目前学术界对产业数字化相关研究主要集中在产业数字化的内涵、产业数字化的影响因素、产业数字化对企业的作用机理、产业数字化转型模式和路径研究四个方面。目前，学术界在对产业数字化的内涵研究方面基本统一，为本书环保服务业数字化的内涵界定提供了理论基础。同

[①] 高小娟、高嵩、李瑞玲：《环保科技创新平台该如何搭建？》，《环境经济》2019 年第 9 期。

[②] 陈武权：《江西省环保大数据平台建设思考》，《江西科学》2017 年第 6 期。

[③] 王影、赵裕平：《基于绿色供应链系统的企业环保信息集成平台研究》，《情报探索》2017 年第 9 期。

[④] 国冬梅、王玉娟：《开启互通模式，实现信息共享——"一带一路"生态环保大数据平台建设总体思路》，《中国生态文明》2017 年第 3 期。

时对产业数字化的影响因素、产业数字化对企业的作用机理与产业数字化转型模式和路径三个方面进行的初步研究，为本书环保服务业数字化模式形成因素、作用机理等方面的研究提供了写作思路。对环保产业数字化的研究主要集中在大数据技术对环保产业的应用研究和智慧环保的实现路径研究上，学者普遍认为大数据技术在提高数字环保管理水平、数据挖掘分析水平上具有重要作用，同时结合具体环保产业得出大数据技术对实现企业内部资源优化、提高企业日常经营效率具有重要作用。大数据技术作为数字技术中的重要部分，通过探究其对环保产业的作用效果，为本书后续探究数字技术对环保服务业数字化转型的作用机理提供了参考。对于智慧环保的研究集中于实现路径方面，主要从政府、产业和企业三方面提出相应实施路径。智慧环保作为环保产业数字化的重要内容，对其实现路径探究为后文环保服务业数字化模式的探究提供了重要思路。但是，已有研究尚不完善，仍然存在进一步研究的空间：

首先，从研究成果上看，国内对环保服务业数字化相关的文献较少，尚未对环保服务业数字化有一个明确的定义，仅有的文献主要包括大数据技术在环保产业的应用研究和发展智慧环保的对策建议方面。其次，从研究深度上看，现有研究成果主要集中于数字技术对企业的作用机理、企业数字化所产生的内部效应等微观层面。在产业层面，缺少对环保服务业数字化发展模式的明确分类标准以及环保服务业数字化的实现机制研究。最后，从研究内容上看，已有的文献多是从具体行业研究环保服务业，如在页岩气开发环保领域和垃圾分类领域，缺少对环保服务业数字化模式的总体研究和理论逻辑。同时，缺少对环保服务企业数字化转型的理论指导，对不同环保企业采取何种模式、路径实现数字化尚无可行性方案。

总之，目前学术界关于环保服务业数字化方面的理论研究才刚刚起步。本书在前人研究基础上，通过构建环保服务业数字化模式研究的逻辑路线，分析环保服务业数字化的主要模式、效应和问题，提出促进我国环保服务业数字化发展的对策建议。

（二）环保数字产业化相关文献评述

与环保数字产业化相关的文献研究较少。

一是目前相关学术研究主要集中在两方面：数字产业化方面和环保数字产业细分的环节方面。其中数字产业化理论方面主要集中在概念研究、特定产业、特定领域的数字产业化研究、影响因素以及路径和模式的研究等方面；数字产业化与产业数字化的区分研究也是当前学者们研究的重点领域，从前文的论述中可以总结出数字产业化将数据作为生产要素，注重数据产品及服务的生产；而产业数字化则以数字化转型为主，通过数字技术的应用，带动产业效率不断提升。基于数字产业化深入推进的背景，信息通信产业的基础先导作用逐渐突出，实力不断增强，进而促进数字技术不断向各领域加速渗透，为各个领域提供较为全面的数字技术支持，因此，在一定程度上数字产业化是产业数字化发展的重要推动力，反之，产业数字化提高了数字技术的应用率，进一步推动了数字产业化的发展。

二是从相关学者对数字产业化模式的研究中可以看出，国内外学者对数字产业化模式的研究较为匮乏，处于刚刚起步阶段，需要进一步深入开展。

三是在环保数字产业化的研究中缺乏系统化的研究。目前的研究集中在数字技术提升环保产业信息价值、数字环保建设、环保大数据中心建设以及数字基础设施建设四个方面，为环保数字产业化模式的研究提供了参考。

四是目前环保数字产业化领域的研究尚未形成系统的模式研究，对环保数字企业选择哪种模式进行发展以及环保数字产业如何通过模式创新实现数字产业化发展的指导作用有限。

总之，目前学术界关于数字产业化方面的理论研究才刚刚起步，相关研究文献为本书的研究提供重要参考，同时其不足或欠缺之处也为本书的环保数字产业化研究留出了重要创新角度。本书通过对环保数字产业发展模式的形成条件、特征、实现机制以及社会经济效应等方面进行理论探索，通过对环保数字产业化实践分析，提出环保数字产业化的主要模式、效应和问题，提出促进我国环保数字产业化的对策建议。

（三）环保服务平台模式文献评述

通过梳理已有文献发现，当前我国对于平台经济理论下环保服务业发展模式的研究大多基于环保服务实体企业，探索如何实现环保服务实体企业借助互联网大数据分析与应用技术而谋求新的发展。部分学者对环保服务业发展模式的作用机理进行相关研究，主要集中于互联网平台对传统产业创新能力的提升与产业效率的提高方面。以上研究为平台经济理论下环保服务业发展模式的研究提供了相关借鉴，有助于后续研究的开展。但是，就目前的研究文献和研究成果而言，还存在一些不足之处：

第一，就研究成果角度而言，目前国内针对环保产业的文献较多，但细化到环保服务业的文献较少，对平台经济理论下环保服务业发展模式的研究成果更少；通过对知网等相关学术网站进行文献搜索发现，相关研究结果发表在普通期刊的文章较多，高影响因子期刊较少，研究成果的学术水平有待提高。

第二，就研究内容角度而言，在基于平台经济理论的环保服务业发展模式现状的研究方面，大部分学者的研究主要集中于环保服务业通过对互联网大数据分析和信息技术的应用实现升级与发展情况，探索互联网背景下环保服务实体企业的升级发展现状；且较多文献只针对单一环保服务平台的局部进行研究，如环境监测平台的运作、环保咨询企业平台的发展等，对环保服务平台的整体系统研究相对较少，缺乏对平台经济理论下环保服务业发展模式的准确分类与模式研究；在平台经济理论下环保服务业发展模式作用机理的研究方面，大多立足于环保服务业与互联网技术的融合，研究互联网对传统环保服务业的作用机制，缺乏对于平台经济模式的特征和规律的总结；平台经济理论下环保服务业发展模式建设的研究方面，偏重于对互联网技术和大数据应用的研究，缺乏从政府治理与企业发展角度出发的环保服务平台模式建设研究体系和可行性方案。

第四节　主要创新点

本书理论联系实际，在理论建构的基础上，深入研究了若干代表性案例，在理论与实践方面提出了若干具有一定创新性的观点，主要包括如下几个方面：

第一，建立了数字环保服务业发展模式分析的基础逻辑框架，主要包括数字环保服务业相关模式的内涵、特征、影响因素、模式分类和产业效应等部分。其逻辑路线是：首先分析数字环保服务业的内涵与特征；在此基础上结合波特钻石模型的相关理论提出模式形成的影响因素；然后通过一定标准对数字环保服务业发展模式进行分类，并分析模式的产业效应。

第二，提出了数字环保服务业发展模式的主要类型。根据环保企业获取数字化技术的来源渠道将环保服务业数字化模式分为外部技术助力型环保服务业数字化模式和数字生态赋能型环保服务业数字化模式；提出了外部技术助力型和数字生态赋能型环保服务业数字化模式的分析框架，主要包括模式特征、实现机制、作用机制、产业效应四部分。基于钻石模型理论基础，结合环保数字产业化模式实践，总结出环保数字产业化模式的三种主要类型，即数据更新型环保数字产业化模式、平台交易型环保数字产业化模式和方案应用型环保数字产业化模式三种模式。基于平台经济理论，提出了电商型和资讯型两种环保服务平台模式。

第三，揭示了不同模式下数字环保服务业的实现机制。外部技术助力型环保服务业数字化模式的实现机制是：通过合作创新机制实现环保企业技术革新；再聚焦自身核心业务环节，将数字技术与核心业务模块融合，实现核心业务模块的数字化转型，促使企业更好地集中管理，拉动企业管理模式变革。数字生态赋能型环保服务业数字化模式的实现机制是：整合企业的内外部资源实现资源的内外部集成；并通过搭建多元环保数字技术平台连接内外部资源，实行智慧化、精细化管控模式，构建全产业链环保服务体系，实现环保产业链整合和环保服务业生态集成。数据更新型环保数字产业化模式通过数据服务反馈机制实现环保数字产业化。平台交易型环保数字产业化模式通过平台交易服务机制实现环保数字产业化。方案应用型环保数字产业化模式通过方案内部共享机制实现环保数字产业化等。

第四，提出了数字环保服务业模式的产业效应。环保服务业数字化具有外部经济效应、创新升级效应、效率提升效应和网络协同效应，以及不同数字化模式下的产业效应。在外部技术助力型数字化模式中，技术扩散效应和创新升级效应是通过降低技术研发和搜寻成本、创新协作模式，促进环保服务业数字化转型效率提升和结构优化；在数字生态赋能型模式中，技术扩散效应、创新升级效应、效率提升效应、网络协同效应是通过打破产业内部技术壁垒、组建多主体协同机制、共享互补资源要素、组建企业间和产业组织的网络化、协同化机制实现环保服务业数字化转型效率提升和结构优化。环保数字产业化模式具有技术溢出效应、聚合经济效应、服务优化效应等产业效应，并且不同的环保数字产业化模式具有不同的产业效应。数据更新型环保数字产业化模式具有技术溢出效应，平台交易型环保数字产业化模式具有聚合经济效应，方案应用型环保数字产业化模式具有服务优化效应。环保服务平台模式的产业效应包括双（多）边市场效应、外部经济效应、创新升级效应和成长衍生效应等。

第五，提出了有价值的对策建议。在理论研究的基础上，提出了促进环保服务业数字化的对策建议，主要包括：在政府层面，通过建设跨产业的信息沟通机制和构建全方位政策支持体系优化环保服务业数字化发展环境。在企业层面，通过制定科学的数字化转型战略以及根据选取的数字化模式采取不同措施实现数字化转型，促进环保数字产业化的对策建议包括培育环保数字复合型专业人才、重视技术对环保数字产业的带动作用、打造高质量环保数字产业集群体系、强化政府的带头引导作用等。

第二章　数字经济基本理论

随着数字经济实践的迅速推进，数字经济的理论研究也在加快，研究内容也在不断加深和拓展。本章仅就数字经济的基本内涵与特征、产业数字化及数字产业化等与本书研究紧密相关的内容进行概况阐述。

第一节　数字经济的内涵与特征

在数字经济中，数字化是重点，数字技术是关键。在理解数字经济之前，首先需要厘清数字化与数字技术的内涵与特征。

一、数字化和数字技术的内涵与特征

（一）数字化的内涵

数字化是通过数字技术实现生产、管理和服务等各层面、各环节的数字化，增强产业和企业竞争力。数字化是产业和企业的战略行为。产业和企业执行数字化战略，在数字技术获取方式、数字技术数量种类选择及数字化模式方面，既存在可以相互借鉴的共同之处，也存在个性化差异。数字技术由信息技术、互联网和大数据获取与应用技术等构成。信息技术和互联网也是数字技术的一部分，因此从技术的范

畴看，"信息化""互联网+"都是数字化的一部分，能够在数字化程度中得以反映。

（二）数字化的特征

数字化不是简单地把数据沉淀下来，而是从本质上逐渐改变社会、企业以及人的生产生活方式，这些改变给企业提出了新的要求和挑战。数字化促使企业发挥自身优势，聚焦细分客户群体，为客户创造价值。科技企业也在不断创新、升级，加速新一代数字技术研发，加速数字化改造，给企业带来颠覆性的升级。在数字化时代，更多的是企业分享更多价值，为客户带来更多的价值和体验。

数字化的迅速推进再一次重构了信息时代的物质基础，并且向各个产业领域广泛而深入的渗透，使得全球发展也进入了一个以智能化、数据驱动和学习型经济为特征的全新时期。

数字经济核心产业具有高技术密集性的特点，数字化通过重新塑造传统产业的创新模式、盈利模式、生产模式、组织模式、服务模式等促进传统产业的转型升级。

（三）数字技术内涵及特征

数字化过程离不开数字技术的运用。数字技术是大数据、云计算和区块链等数字化技术的集称。数字技术的创新发展使得数字技术从理论层面向应用层面转变。同时，数字技术在社会上的扩散使得企业的数字化转型成本降低，数字技术在各个行业得以实践应用，推动了各行业的转型升级。产业数字化的成功转型受政策、经济、技术等因素的多重影响，但数字技术是最重要的因素之一。

为应对不断变化的市场环境和激烈的竞争，企业通过外部引入或自我研发数字技术实现企业与数字技术的深度融合，实现组织结构优化、生产效率提高、用工结构合理，[①]提高数字技术应用水平、产品功能革新能力从而提高企业核心竞争力，扩大市场份额。[②]具有创新性、迭代性的数字技术对企业的应用推动企业组织结构向中心化、去中介化转变，使得企业组织更快速地访问内部资源，企业组织运行更加灵活并通过平台与组织共制的模式，实现客户需求中心化，加速资源整合，实现价值增值。[③]

数字技术特征首先体现为创新频率高。传统技术由于其技术创新发展缓慢，其发展演进具有连续性，新技术与原有技术具有高度的相似性。颠覆性的技术创新往往需要长时间的研发应用，同时，当其成为产业主导技术后，也会进入长时间的技术稳定期。而在数字技术领域，因为其具有创新迭代性，时刻都有新的数字技术研发、升级并持续应用于企业，促进企业商业模式的变革。其次，数字技术作用效果大。数字技术作为通用目的技术，具有广泛的适用性，能在各行业应用并持续促进行业的效率提高、创新能力增强。[④]也就是说，数字技术不仅能在各行业发挥作用，而且在社会和国家层面也能获得广泛应用，实现产业业态、组织模式、业务流程、服务方式等全方位的变革。最后，数字技术覆盖范围广。数字经济时代使得企业竞争范围超越行业边界，数字技术的研发范围和应用范围不再局限于本行业内部的企业，而是超越了行业的界限，数字技术的全行业应用使得数字技术的覆盖范围更广泛。

---

① 戚聿东、肖旭：《数字经济时代的企业管理变革》，《管理世界》2020 年第 6 期。
② 何帆、刘红霞：《数字经济视角下实体企业数字化变革的业绩提升效应评估》，《改革》2019 年第 4 期。
③ 赵剑波：《企业数字化转型的技术范式与关键举措》，《北京工业大学学报（社会科学版）》2021 年第 1 期。
④ 布朗温·H. 霍尔、内森·罗森博格：《创新经济学手册（第二卷）》，上海市科学学研究所译，上海交通大学出版社 2017 年版，第 35—37 页。

二、数字经济的内涵与特征

数字经济作为技术创新、服务创新、业态创新最活跃的领域，在移动互联网、大数据、云计算、物联网、人工智能等数字技术的推动下，已进入到技术快速渗透、产业深度集聚、平台全面融合的新阶段，成为经济持续发展和产业转型升级的核心力量。

（一）数字经济的内涵

"数字经济"一词可追溯至 20 世纪 90 年代，学术界普遍认同其是一种基于信息技术革新驱动的新经济形态。从文献上看，"数字经济"一词首次出现，是在美国学者唐·泰普斯科特（Don Tapscott）于 1996 年所著的《数字经济：网络智能时代的前景与风险》中。不过，在这部专著中，泰普斯科特只是用"数字经济"来泛指互联网兴起后的各种新生产关系，并没有对其概念进行精确的界定。在 2016 年 G20 杭州峰会上发布的《G20 数字经济发展与合作倡议》中，数字经济则被定义为"以使用数字化的知识和信息作为关键生产要素、以现代信息网络作为重要载体、以信息通信技术的有效使用作为效率提升和经济结构优化的重要推动力的一系列经济活动"。在这个定义中，数字经济已经囊括了一切数字技术及建立在它们之上的经济活动。国际数据公司（International Data Corparation，IDC）发布的《数字经济，创新引领——2018 中国企业数字化发展报告》遵循了这一定义。

2021 年 12 月我国政府发布的《"十四五"数字经济发展规划》指出，数字经济是继农业经济、工业经济之后的主要经济形态，是以数据资源为关键要素，以现代信息网络为主要载体，以信息通信技术融合应用、全要素数字化转型为重要推动力，促进公平与效率更加统一的新经济形态。我国学者基本上与这一定义性解释具有一致性理解。

作为一个历史范畴，数字经济形态是经济系统中技术、组织和制度相互作用过程中的宏观涌现，这一过程中基于技术进行资源配置优化为导向的人类经济活动的高度协调和互动所塑造的新生产组织方式的不断演化，则构成了数字经济的本质。[①]

（二）数字经济的特征

关于数字经济的特征，学者从数字经济的经济性、演进特征以及与传统经济对比的新表现等角度进行了分析。裴长洪等研究发现，数字经济在规模经济、范围经济以及长尾效应等方面的特征极为显著。[②]张路娜等认为，数字经济发展是从科学革命起源，继而衍生数字技术，催生数字产业，并推动制度变革的系列过程，其演进呈现出速度快、渗透强、辐射面广等特征。[③]李晓华认为，数字经济具有颠覆性创新不断涌现、平台经济与超速成长、网络效应、"赢家通吃""蒲公英效应"与生态竞争等新特征，这些新特征蕴含着数字经济新动能的形成和发展机制。[④]闫德利在与农业经济、工业经济对比后认为，数字经济具有如下"九新"特征：数字技术是新的通用目的技术、信息网络系统是新的基础设施、信息是新的运输对象、数据是新的生产要素、大规模订制是新的生产方式、指数增长是新的发展速度、数据是新的全球化、数字素养是新的公民素养以及自助服务使消费者变成"生产者"等。[⑤]以上观点各有侧重，从不同角度对数字经济的基本特

---

①　张鹏：《数字经济的本质及其发展逻辑》，《经济学家》2019 年第 2 期。

②　裴长洪、倪江飞、李越：《数字经济的政治经济学分析》，《财贸经济》2018 年第 9 期。

③　张路娜、胡贝贝、王胜光：《数字经济演进机理及特征研究》，《科学学研究》2021 年第 3 期。

④　李晓华：《数字经济新特征与数字经济新动能的形成机制》，《改革》2019 年第 11 期。

⑤　闫德利：《数字经济的兴起、特征与挑战》，《新经济导刊》2019 年第 2 期。

征作出了比较全面的概括。

还有学者从数字经济产品特征角度，提出了适应性创新概念，用以刻画数字经济时代产品创新与发展的主要特征。肖静华等认为数据经济的产品适应性创新具有难以预测的成长方向、即时反馈的交互式信息结构、即时调整的自适应能力三个主要特征。[①] 也有学者提出了厂商数据智能化和网络协同化概念，认为数字经济运行是以厂商数据智能化和网络协同化为基础或前提的。[②]

数字经济时代，数据作为一种生产要素介入经济体系，并以可复制、可共享、无限增长、无限供给的禀赋等边际成本几乎为零的特点，成为连接创新、激活资金、培育人才、推动产业升级和经济增长的关键生产要素。数据要素与人才、资金、技术、产业等其他要素联动包括基础层、支撑层和整合层三个层次。全要素数字化的过程，是重构原有产业的资源配置状态，实现互联网、大数据、人工智能、区块链等新技术与实体经济、科技创新、现代金融、人力资源协同发展、充分融合，推动形成智能化的数字经济体系的过程。[③]

第二节 产业数字化基本理论

环保服务业数字化属于产业数字化的重要内容，要深入研究环保服务业数字化模式，首先必须厘清产业数字化的基本问题。对于产业

① 肖静华、谢康、吴瑶：《数据驱动的产品适应性创新》，《北京交通大学学报（社会科学版）》2020 年第 1 期。

② 何大安、许一帆：《数字经济运行与供给侧结构重塑》，《经济学家》2020 年第 4 期。

③ 王建冬、童楠楠：《数字经济背景下数据与其他生产要素的协同联动机制研究》，《电子政务》2020 年第 3 期。

数字化基本问题的深入分析，有助于更加深刻地理解环保服务业数字化模式。本章构建产业数字化的基本逻辑，从产业数字化的内涵界定和特征分析、数字技术内涵和特征、产业数字化的作用机制和产业数字化效应理论四方面进行理论分析，为后续研究环保服务业数字化模式提供理论依据。

一、产业数字化的基本逻辑

本章对产业数字化基本问题的研究遵循产业数字化的内涵界定和特征分析、数字技术内涵和特征、产业数字化的作用机制和产业数字化效应理论这一基本逻辑。

首先，对产业数字化的基本问题研究应从产业数字化的内涵界定和特征分析入手，在结合相关研究成果的基础上，提出对产业数字化内涵的界定。在此基础上，结合学术界关于产业数字化特征的代表性观点，总结出产业数字化具有数据资产核心化、产业跨界融合化和数字平台生态化的核心特征。

其次，针对众多学者认为数字技术与传统产业的深度融合是产业数字化实现的前提这一代表性观点，对数字技术的内涵、特征进行深入研究。研究发现数字技术由于具有创新频率高、作用效果大、覆盖范围广等特点，对促进企业商业模式的变革、提高产业效率具有重要作用。并由此得出数字技术的研发程度、应用效果决定产业数字化的水平，是产业数字化转型能否成功的重要因素之一这一结论。

再次，分析了产业数字化的作用机制。一是新业态的形成有助于提高产业组织效率。二是数字技术与传统产业的融合有助于提升产业层级。三是技术创新能力提高有助于提升产业竞争力。

最后，通过对已有文献的整合概括，从企业层面和产业层面对产业数字化效应理论进行归纳总结，旨在厘清数字化具体通过什么方式对产业发挥作用的。本章的理论逻辑如图 2.1 所示。

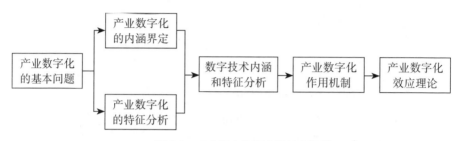

图 2.1　产业数字化研究的基本逻辑

二、产业数字化的内涵界定和特征分析

内涵界定与特征分析是产业数字化的基本理论问题。这里在对产业数字化内涵界定的基础上，总结出产业数字化的核心特征。

（一）产业数字化的内涵界定

产业数字化是以数据为核心，通过数字技术与传统产业深度融合，实现产业链上下游的全要素数字化升级、转型和再造。产业数字化不仅能提高产业内部的生产效率，同时也影响了外部层面的转变。在产业数字化的转型过程中，外部的支持保障体系如经济保障体系、社会保障体系等也在发生转变。从经济保障体系来看，主要包括财政支持体系、市场创新体系、产业创新模式的转变。从社会保障体系来看，主要包括复合型人才的培养引进就业体系、政策支持体系和社会治理模式等方面的创新改进。

（二）产业数字化的特征分析

学术界关于产业数字化特征具有代表性的观点有：杨伟等认为传

统产业数字化具有融合创新性和动态跨越性两个显著性特征，产业数字化是数字技术与现有业务的融合并创新出新的业态，同时因为数字技术具有迭代创新性，新的数字技术不断应用于产业使得产业数字化具有动态性。[①] 白宇飞、杨松认为信息技术的发展推动价值驱动、生产思维和组织管理的转变，呈现出数据价值驱动、生产思维互联网化和组织管理扁平柔性化的特征。[②] 戚聿东、蔡呈伟认为，产业数字化也呈现出平台化的特征，企业通过平台实现与其他企业以及客户的双向互动，在降低沟通成本的同时，还能够实时了解市场动态。[③] 有研究认为数据已成为驱动产业数字化发展的重要生产要素，数据作为生产要素、消费者需求驱动商业模式变革、产业运行快速化敏捷化是产业数字化的核心特征。[④] 同时，数字技术的创新性和迭代性促使了数字产业与传统产业的跨界融合。通过对相关文献进行归纳总结并对传统产业和产业数字化进行对比，本书将产业数字化的核心特征归纳为三个方面：一是数据资产核心化；二是产业跨界融合化；三是数字平台生态化。

1. 数据资产核心化

随着社会变革和经济发展模式的转变，产业核心生产要素经历了从土地和劳动要素到资本和技术要素再到如今的数据要素的转变。数

[①] 杨伟、刘健、周青：《传统产业数字生态系统的形成机制：多中心治理的视角》，《电子科技大学学报（社科版）》2020年第2期。

[②] 白宇飞、杨松：《我国体育产业数字化转型：时代要求、价值体现及实现路径》，《北京体育大学学报》2021年第5期。

[③] 戚聿东、蔡呈伟：《数字化对制造业企业绩效的多重影响及其机理研究》，《学习与探索》2020年第7期。

[④] 中国科学院科技战略咨询研究院课题组：《产业数字化转型：战略与实践》，机械工业出版社2020年版，第3—4页。

据作为数字经济时代的核心生产要素，在产业发展中发挥着重要作用。数据作为信息的载体，是企业进行战略制定、生产过程优化、业务流程简化、商业模式创新的重要依据，数字化的知识和信息在企业生产决策和生产过程中有着重要作用。一方面，数据作为生产要素，可通过打通企业内部的层级，实现数据在不同层级的流通，企业的生产情况能够实时传达到决策层，管理层可据此实现战略的科学决策，提高企业内部配置效率。另一方面，生产端和消费端的数据通过数字技术传达到管理层、技术层使得管理层能实时掌握市场动态，实现动态市场追踪，促使技术层研发新产品。

2. 产业跨界融合化

通用数字技术的广泛应用使得数据不仅在产业内流动传播，而且在不同产业之间快速流动，产业之间的交流逐渐加深，关联性不断加强，产业界限不断消失，为产业的跨界融合提供条件。从金融科技、数字农业、数字乡村到数字城市，数字技术的不断发展应用，实现了技术上的升级以及与实体产业的跨界融合。同时，数字技术的不断发展也为产业跨界融合提供了技术支持。融合性产业呈现出多元化和开放化的趋势。传统产业和新兴产业的跨界融合、共生发展，促进了产业优化升级、效率提升，是产业数字化的一大特征。

3. 数字平台生态化

数字经济的发展使得平台经济这一新业态出现，数字平台的建设应用已成为促进数据价值转化，实现技术、知识、产品、数据高效流通，提高产业内高效协作的重要媒介，推动了产业的数字化转型。平台模式的兴起，使得企业通过研发建设平台，构建数字生态体系，形成市场主导、多方参与的组织模式。对企业而言，数字平台通过收集、测算、分析实现产品的产用结合、弹性对接和精准配置，提高企业对市场需求的把控，降低企业的经营成本，提高生产效率，实现精准营销。对产业链而言，数字平台能够有效链接产业链上下游企业，实现供应链协同，提高产业效率。这一系列环节的提升有助于改善整个产业生态圈，通过数字平台实现产业资源的整合，形成多方主体共同参与和治理的模式。同时，数字平台通过技术、知识在产业链上的溢出，为产业链上下游企业提供技术参考、知识储备，促进全产业链的数字化转型。

三、产业数字化的作用机制

数字技术由于具有创新频率高、作用效果大、覆盖范围广等特点，其不断发展促进产业的优化升级。产业数字化的作用机制表现在三个方面：

一是新业态的形成有助于提高产业组织效率。传统产业组织方式采取"标准化定制＋大规模生产"的链条式发展模式。数字技术的不断发展催化平台经济这一新业态的产生，平台型企业的重要性不断显现。这使得产业组织模式发生根本性变革，由"大规模标准化生产"模式向"个性化定制＋分布式生产"模式转变，网络协作成为产业组织模式的新特征，促进了产业间的连通性，提高产业组织效率。

二是数字技术与传统产业的融合有助于提升产业层级。一个国家产业在全球产业链中的地位体现其层级和对产业的控制力。[①]数字

① 张明之、梁洪基：《全球价值链重构中的产业控制力——基于世界财富分配权控制方式变迁的视角》，《世界经济与政治论坛》2015年第1期。

技术具有极强的创新性和带动性，数字技术与传统产业的融合能催生新业态。例如，数字技术与产业的融合，催生了智慧农业、智能制造和智慧服务业等新业态，提高产业效率。在数字技术的加持下，实现产品市场导向精准化，产品生产、售后更有效率，产业知识性和技术性增强，对于提高产业层级和全球产业链中的地位具有重要作用。

三是数字技术创新能力提高有助于提升产业竞争力。据波特钻石模型表述，产业竞争力由技术创新能力、市场规模、产业政策和产业资源等因素决定，数字技术的研发创新实现了技术供给，提升产业竞争优势和资源配置效率，提升对产业的控制水平。

四、产业数字化效应

学术目前界对产业数字化效应理论尚无完善的归纳总结，本书通过对已有文献的整合概括，从企业层面和产业层面对产业数字化效应理论进行归纳总结。

（一）企业层面

学者对企业层面的产业数字化效应分析主要集中在正反馈效应、协同效应和同群效应上。一是正反馈效应。在数字经济背景下，企业的生产成本具有高固定成本和低边际成本的特征。其中，高固定成本主要来源于技术研发、数字技术基础设施建设支出；低边际成本则是由于数字技术具有适用性的特点，可以在不同产品、不同生产环节中重复利用，降低了边际成本。[①] 随着数字技术在业务上的应用，企业

---

① 荆文君、孙宝文：《数字经济促进经济高质量发展：一个理论分析框架》，《经济学家》2019年第2期。

和客户之间形成良性沟通机制，触发正反馈效应，提高生产效率，实现企业的规模经济。[①] 二是协同效应。数字技术推动了企业内部各部门以及不同企业之间建立沟通机制实现深度合作，促进企业内部和企业间的协同发展。整合企业内部资源要素，优化资源配置，提高生产运营和资源配置效率，实现协同效应。[②] 三是同群效应。在头部企业进行数字化转型并取得成效并实现了规模扩大、效率提升后，行业竞争者主动学习、模仿头部企业的成功经验，实现自身竞争力提高，即同群效应。[③]

（二）产业层面

在产业层面，学者主要从渗透效应、网络效应和创新升级效应上分析产业数字化效应。一是渗透效应。数字技术能渗透到不同产业中去，与各产业进行融合，同时打破产业边界，促使产业间的跨界融合，实现产业结构优化、价值增长。二是网络效应。数字技术的发展应用对经济社会的发展有明显促进作用，数字技术的网络规模扩大促使产业间的联系更加频繁、快捷，实现产业技术创新能力增强、技术水平提高，进而实现价值的叠倍增长。[④] 三是创新升级效应。数字技术的创新发展应用，促使了新产品、新模式的出现，改变了产业的技术基础，优化了产业的运行机制，提高了产业效率，创新了数字化转

---

①　丁志帆：《数字经济驱动经济高质量发展的机制研究：一个理论分析框架》，《现代经济探讨》2020 年第 1 期。

②　丁玉龙：《数字经济的本源、内涵与测算：一个文献综述》，《社会科学动态》2021 年第 8 期。

③　陈庆江、王彦萌、万茂丰：《企业数字化转型的同群效应及其影响因素研究》，《管理学报》2021 年第 5 期。

④　丁玉龙：《数字经济的本源、内涵与测算：一个文献综述》，《社会科学动态》2021 年第 8 期。

型的模式和路径。①

第三节　数字产业化基本理论

数字产业化理论是环保数字产业化的核心理论。本章对数字产业化的基本内涵与效应两方面进行阐述，为下文环保数字产业化的研究奠定理论基础。

一、数字产业化的基本内涵

环保数字产业化是数字产业化的重要组成部分。下面以产业化为出发点，研究数字产业理论，构建数字产业化理论逻辑，为环保数字产业化的研究提供理论支撑。

（一）产业化的内涵与特征

1. 产业化的内涵

首先，从产业化整体层面来看，产业化即是产业形成的过程。关于产业化的研究最早可以追溯到农业产业化理论。1957 年，农业产业化理论首次由美国戴维斯和戈德伯格提出，农工商一体化的地位也由此确立。我国学者对农业产业化理论的研究也比较多。陈吉元、牛若峰主要观点认为农业产业化是实现农业经营市场化、专业化以及规模化的经营过程。"'产业化'是从'产业的概念发展而来"这一观点对后续学者的研究产生重要影响。由于"化"的动态特性，使"产业化"

具备动态发展属性。[①]吴殿廷、赵林等在研究中赞同"'产业化'是从'产业'的概念发展而来的"这一观点，认为"产业化"是"产业发展壮大的过程"，产业化的过程需要具备一定的组织形式，达到一定的规模，即规模化发展。[②]王松华、廖嵘指出产业化是一个以营利为目的、与资金有密切联系、具备一定的规模和市场化运作形式的动态过程，即全面的市场化。[③]

其次，从特定领域来看，不同领域学者对产业化的内涵有不同的见解。毛昊在对我国专利实施和产业化的研究中指出产业化应具备新的时代内涵，专利产业化旨在提升专利运用水平、培育市场运用新模式以及形成政府资源合力。[④]在研究粮食产业化的过程中，邓晴晴、李二玲认为粮食产业化是一个网络化发展过程，并基于网络组织视角，对中国粮食产业化的四种模式进行梳理。[⑤]

2. 产业化的特征

在梳理认识产业化概念的基础上，需要进一步提炼产业化的特征。黄益平等认为，市场化和规范化是产业化的特征。[⑥]李建中认为产业化是一个动态的过程，具备市场化经济的运作形式、具备一定的

---

①　陈吉元：《农业产业化：市场经济下农业兴旺发达之路》，《中国农村经济》1996年第8期。牛若峰：《农业产业化：真正的农村产业革命》，《农业经济问题》1998年第2期。

②　吴殿廷、赵林、张明等：《新型产业化：内涵、特征与发展机制》，《西北师范大学学报（自然科学版）》2017年第1期。

③　王松华、廖嵘：《产业化视角下的非物质文化遗产保护》，《同济大学学报（社会科学版）》2008年第1期。

④　毛昊：《我国专利实施和产业化的理论与政策研究》，《研究与发展管理》2015年第4期。

⑤　邓晴晴、李二玲：《基于网络组织视角的粮食产业化模式与优化路径》，《自然资源学报》2021年第6期。

⑥　黄益平、王敏、傅秋子等：《以市场化、产业化和数字化策略重构中国的农村金融》，《国际经济评论》2018年第3期。

规模、与资金有密切关系、以效益为目的是产业化的重要特征。[①]张中正、赵庆蔚在研究分析中认为产业化的特征在于：以市场为导向、集约式开发、商业化。由此看来，产业是一个带有鲜明市场属性的经济学概念，"化"代表某种性质或状态的转变。[②]

综上所述，产业化的概念不同于产业的概念。首先，产业化是动态的发展过程；其次，上述学者的研究中提到了市场化、规模化以及专业化丰富了产业化理论的内涵。上述学者对产业化要点的研究都认同"市场化"这一要点，产业化不是固定的概念与模式，而是在特定的历史环境中随着客观条件变化而变化的。结合学者关于产业和产业化的观点，对产业化可以作出如下解读：产业化是指某种产业在市场经济条件下，以满足行业需求为发展方向，以实现效益为目标，依托专业服务和管理，推动专业化、规模化经营方式和组织形式形成的过程；产业化的主要特征表现为市场化、专业化、组织化。

（二）数字产业化的内涵与特征

数字产业化是社会经济蓬勃发展的结果，其产生与发展并非偶然，是数字产业顺应数字经济发展的必然选择。数字产业化基于数字产业自身的实际情况，符合数字产业发展规律。

1. 数字产业化的内涵

综合当前相关文献及产业化的含义，可以将数字产业化的内涵理

---

① 李建中：《经济下行压力下的生态修复产业化问题研究》，《水文地质工程地质》2020年第1期。

② 张中正、赵庆蔚：《我国生态农业产业化发展问题与对策研究》，《农业经济》2021年第8期。

解为，通过数字技术研发，形成数字产品并广泛地市场化应用，推动数字产业形成和发展的过程，是产业化过程在数字经济领域中的具体体现。

2. 数字产业化的特征

数字产业化的特征可以归纳为创新频率高、规模范围广泛以及专业化平台经济超速成长三方面：

（1）创新频率高

科技创新是产业发展的重要推动力，产业的发展离不开科技创新的支持。但数字产业化与传统产业领域的创新存在较大的差异，其创新频率是传统产业无法比拟的。克里斯坦森提出"颠覆性技术"（Disruptive Technologies）的概念，认为颠覆性技术带来了主流客户所忽视的价值主张。[①] 大数据、云计算、互联网、物联网以及人工智能等数字技术是推动数字产业化的重要驱动力。数字产业拥有颠覆性数字技术，是当前需要深入挖掘的颠覆性产业。

与传统产业相比，数字产业化呈现出创新频率高的特点，具体体现在：传统产业的技术相对较为成熟，技术突变少，新技术与原技术存在较大的相似性和演进上的连续性。当颠覆性技术出现并成为传统行业的主导技术后，也会进入较长时间的技术稳定期。而在数字产业化中，持续不断地有新数字技术成熟并进入产业化阶段，形成新产品、新服务或新的商业模式，因此数字产业化具备创新频率高的特征。

---

① 克莱顿·克里斯坦森、胡建桥：《创新者的窘境》，《华东科技》2019年第6期。

（2）规模范围广泛

数字技术是具备通用目的的代表性技术，是数字产业化的重要支撑。通用目的技术具备应用广泛性、技术改进持续性以及在应用领域促进创新等特征，[①] 不仅能在各个行业以及领域中广泛应用，也促进各行业在产品形态、产业业态、商业模式、生产方式以及组织方式等多个方面产生颠覆性变革。同时，数字产业化涉及的规模范围较为广泛。数字产业化的发展，不仅能为行业内部超越行业的边界，为企业提供创新动力，助力企业形成跨界竞争等，从而促进全行业良性发展。例如，近年来手机短信发送量大幅度减少，不是由于其他运营商的强势竞争，而是由于数字产业化的发展让微信平台取代了短信的功能，成为更为便捷的日常沟通方式；方便面销量的减少也不是因为其竞争对手抢占市场，而是蓬勃发展数字产业的发展衍生出一系列外卖平台产业（美团、饿了么等），能够更加便捷地满足人们多样化用餐需求。数字产业化的不断发展，带来的技术、商业模式的发展方向更为多元化，涉及的规模范围更为广泛。

（3）专业化平台经济超速成长

在数字产业化的不断推动下，大数据数字平台产业快速发展，平台经济成为新型生产组织形态。平台的专业化体现在平台的中介作用方面，平台将不同用户聚集在一起，并为用户活动提供基础设施，[②] 是以供应的方式将多个独立主体连接起来，实现外部供应商和顾客间

---

① 布朗温·H. 霍尔、内森·罗森博格：《创新经济学手册（第二卷）》，上海市科学研究所译，上海交通大学出版社 2017 年版，第 35—37 页。

② 尼克·斯尔尼塞克：《平台资本主义》，程水英译，广东人民出版社 2018 年版，第 50 页。

价值创造的商业模式。[①]平台将用户和产品服务供应商连接起来，为用户和供应商提供信息交流和产品交易的空间，是一种典型的双边市场。网购领域中的淘宝、天猫、京东、拼多多等以及社交领域中的微信、QQ、抖音、快手等都是典型的专业化平台。企业化运营不再是产品或项目开发的首选，而是选择利用大数据数字专业化平台产业将消费者信息搜集起来，推动社会化生产模式的形成，例如以维基百科为代表的众包模式、开源社区以及慕课等。因此，专业化平台经济具备优势商业模式以及组织形态，是推动数字经济发展的重要支撑力。

二、数字产业化的效应分析

从各领域产业化经验来看，产业化在于形成市场化、分工化以及专业化的经营方式和组织形式。数字产业化充分运用数字技术，以数字信息为生产要素，打造数字产品和服务，并将数字产品和服务推广至各个领域，充分释放数据的价值，提升数字产业利润。数字产业化是数字经济发展的重要驱动力。通过加强数字产业链和供应链的稳定性，特别是在5G、人工智能、工业互联网、高端芯片以及高端工业软件等重点领域，强化技术突破，使数字产业化的效应也得到充分发挥，不仅提升数字技术应用水平，促进数字产业全面发展，同时也对经济格局产生深刻影响，如图2.2所示。

---

① 杰奥夫雷·G.帕克、桑基特·保罗·邱达利：《平台革命：改变世界的商业模式》，志鹏译，机械工业出版社2017年版，第6页。亚历克斯·莫塞德、尼古拉斯·L.约翰逊：《平台垄断：主导21世纪经济的力量》，杨菲译，机械工业出版社2017年版，第XI页。

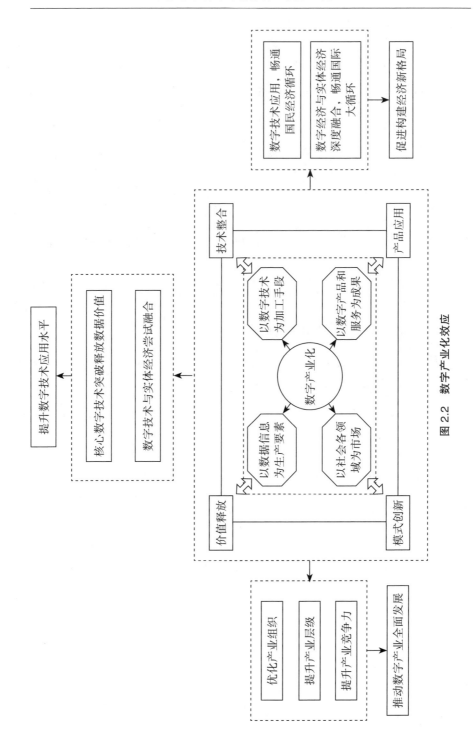

图 2.2　数字产业化效应

（一）提升数字技术应用水平

提升数字技术应用水平是数字产业化的主要效应之一。数字技术凭借其通用目的性已经不断渗透至经济社会的众多领域，赋能社会治理以及经济发展的众多方面。数字技术应用水平提高主要表现在数字技术广泛应用和数字技术深度应用两个方面。

第一，数字技术广泛应用方面。数字产业化将各行业的数据信息作为价值性生产要素，通过数字技术手段，将数据输送至众多领域，例如在地震预警、应急管理、污染监测、在线教育以及远程医疗等方面，为行业发展提供新的思路，在拓宽数字技术应用范围的同时，也为各个行业和社会创造新的价值。

第二，数字技术与实体经济深度融合，即数字技术深度应用方面。数字产业化推动数字技术深入发展，无论是在农业生产领域的深度应用，还是在工业生产以及流通贸易等领域中的技术赋能，数字技术都能有效帮助实体经济实现资源配置优化，有力帮助企业实现提质增效，促进人、机、物的深度联合，进而催生更多的数字技术应用场景，进一步推动数字产业化的发展，行成良性发展循环。

（二）推动数字产业全面发展

数字产业化以其创新频率高、规模范围广泛以及专业化平台经济超速成长等特点，成为数字产业发展的重要推动力。

首先，数字产业化有助于优化产业组织。传统的产业组织是链式的，遵循流水线生产的"标准化产品＋集中生产"模式。然而，数字产业化具有专业化平台经济超速增长的特点，从而催生了位于生态链顶端的生产企业——平台经济。此外，基于数字产业化创新频率高、规模大的特点，数字产业化可以通过技术创新和模式创新集群促进众多中小企业的发展，这导致行业组织和企业成长路径发生了质的变化，生产方式逐渐从"大规模标准化生产"转变为"个性化定制＋分布式生产"，产业组织模式已经转变为更高级的专业化协作。

其次，数字产业化有助于提升产业层级。一个国家产业在全球价值链的位置决定了其承担的分工任务，也决定了其对相关产业的控制力。[①] 数字产业化具有创新频率高、规模范围广泛以及专业化平台经济超速成长等优势，能够促进打通上下游产业链，加速与传统企业的渗透融合，有助于传统产业改造提升，也有助于催生新业态、新模式，是推动产业结构调增、促进产业层级提升、提升产业在全球价值链位阶的重要推动力量。随着数字产业化规模的不断扩大，数字产业化的数据资源、数字技术以及数据算法在三大产业的应用中不断扩展，催生了智慧农业、智能制造和智慧服务业，传统产业有了数字技术支撑、数据支持和算法赋能，产品设计和目标市场更加精准，协同生产、产品投递和售后支持更有效率，产业整体更具知识性和技术性，产业层级得到提升。

最后，数字产业化有助于提升数字产业的竞争力。根据波特的钻石模型，一国产业竞争力主要取决于技术创新、产业资源、发展阶段、市场规模以及产业政策，数字产业化提供了数字技术供给，优化了资源配置，促进了数字产品的供需对接，释放了潜在消费，有利于提升数字产业竞争优势，提升对数字产业的控制水平。

（三）促进构建新发展格局

加快构建以国内大循环为主体、国内国际双循环相互促进的新发

---

① 谢晓燕、刘洪银：《平台经济推进制造业创新发展机制及其建设路径——基于全国先进制造研发基地建设的实践》，《广西社会科学》2018 年第 9 期。

展格局是"十四五"时期的主要目标任务之一。构建新发展格局的关键在于促进经济循环畅通。根据中国信通院发布的《中国数字经济发展白皮书》，2020年我国数字产业化规模达到7.5万亿元，占数字经济比重的19.1%，占GDP比重的7.3%。数字产业化具有诸多经济价值，有利于畅通经济循环体系的堵点，促进构建新发展格局。

一方面，数字产业化可以促进数字技术的成熟、融通与应用，有利于畅通国民经济循环。国民经济循环包括生产、流通、分配和消费等环节，打通循环中的堵点至关重要。数字产业化推动数字技术走向商业化应用，有助于实现生产过程的自动化、智能化，提高生产效率；数字产业化推动网络交易广泛普及，有助于供需精准对接、精准匹配，能够有效降低交易费用、缩短交易时间、简化交易流程。数字产业化推动资源合理配置和数据要素发展，有助于缩小数字鸿沟，实现公共服务均等化；有助于释放数据要素价值，获取数据资源收益；有助于推动数字技术、数字产品不断出新，打造国民经济循环新动能。

另一方面，数字产业化可以促进数字技术、数据要素与实体经济深度融合，有利于推动产业升级、畅通国际大循环。畅通国际经济循环，重点在于形成占据"微笑曲线"两端、具有高附加值的产业分工，以及形成内外联动的供应链和产业链供给体系。数字产业化推动数字技术进一步扩散和应用，使得产业间的关联度、融合度更加紧密。由于数字产业化具有创新频率高、规模范围广泛等特征，数字产业化推动数字技术在实体经济中的应用，有利于提高需求方的全要素生产率，提供利润激励。

第四节　平台经济基本理论

平台经济是数字经济的重要组成部分。国家《"十四五"数字经济发展规划》指出,加快培育新业态、新模式,推动平台经济健康发展。平台经济理论研究开始于 2000 年左右,目前仍处于发展完善中。本节从平台的性质、平台的形成、平台的行为和平台的产业效应四个方面对平台经济理论进行梳理,并以此作为环保服务平台模式分析的理论基础。

一、平台的性质

平台的性质包括平台内涵、分类和特征;平台内涵包括对平台的定义和关于平台构成的分析;平台的分类一般依据平台的不同特性分为不同的类别;平台特征主要对平台区别于传统产业的特征进行分析。

（一）平台内涵

平台是一种现实或虚拟空间,该空间可以导致或促成双方或多方客户之间的交易。[①]平台本身不生产产品,但能通过提供信息资源和相关服务推进双方或多方供求之间的交易,进而收取恰当的费用或赚取差价而获得收益。平台作为一种新的产业组织模式,产业形状更类似于网状结构,同时连接双边市场,多方交易主体均与平台相互联系,上下游企业以及同级企业实现多层次、交叉性互动。平台运营商作为商业生态系统的核心,起主导作用;内容和应用服务

---

① 　徐晋、张祥建:《平台经济学初探》,《中国工业经济》2006 年第 5 期。

提供商依托平台而生存，相互之间存在协作与竞争的关系；终端用户是平台和应用服务提供商共同服务的对象，是平台赖以存在的基础。[①] 多方主体之间相互作用，有效满足各类客户企业的需求，实现多方共赢的局面。

（二）平台分类

平台的分类，一般依据平台的不同特性产生不同的分类方法，如依据开放程度，将平台分为开放平台、封闭平台和垄断平台；依据连接性质，将平台分为纵向平台、横向平台和观众平台。[②]

（三）平台特征

作为一种新的产业组织业态，平台具有不同于传统产业的产业特征。一是平台面对双边(或多边)市场。只要没有另一方的需求，那么这一方的需求也会消失。[③] 即只有平台连接的双边或多边市场同时对平台另一边提供的商品服务存在需求的时候，平台才得以产生价值。二是平台具有交叉网络外部性。[④] 与传统产业面对单一市场不同，平台同时连接双边市场，平台使用者之间存在多层次竞合关系，具有典型的交叉网络外部性特征。一边市场用户规模越大，平台规模就越大，平台信息资源更加丰富，为双边市场提供的信息资讯和商品服务的质量与数量均得到提高，进而吸引更多的另一边市场终端用户，平台规模进一步得到扩大，双边市场用户使用平台的效用将显著提升。如图2.3所示，环保服务平台的规模与供给方和需求方的规模之间是

---

① 谷虹：《信息平台论——三网融合背景下信息平台的构建、运营、竞争与规制研究》，清华大学出版社2012年版，第43—186页。

② 徐晋：《平台经济学》，上海交通大学出版社2007年版，第8—10页。

③ 徐晋：《平台经济学》，上海交通大学出版社2007年版，第8—10页。

④ 王果：《基于平台经济的我国服务外包产业发展研究》，《国际经济合作》2014年第8期。

相互依赖相互影响的关系。三是平台具有领导性。[①] 对于平台模式而言，平台企业具有制定一些规则和标准的权力，具备较强的领导性质。为了吸引更多企业购买平台服务，环保平台具有主动治理网络、提高平台服务效率与服务质量的充分激励功能。为了平台交易的有序达成，平台制定使用企业的准入门槛和平台交易规则，并为交易双方提供支付工具、信用保障等支持服务机制。

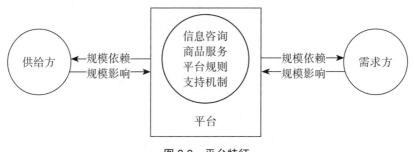

图 2.3　平台特征

二、平台的形成

平台的存在具有多种形式，其形成的原因也不尽相同。但相关研究发现，不管平台以何种形式存在，平台形成均满足以下两个条件：一是为使用者提供某种功能或解决使用者的某种需求；二是具备吸引使用者加入的能力，并能扩展平台服务的提供范围。

在互联网时代下，资源禀赋正从匮乏状态向丰裕状态转变，市场状态逐步碎片化，社会转型带来社会结构的变化，催生出新的就业结构，社会阶层、社会群体利益分化和多元化需求更为明显。无限化与碎片化颠覆了传统产业长期以来赖以生存和发展的竞争方式、运营模

---

① 张镒、刘人怀、陈海权：《平台领导演化过程及机理——基于开放式创新生态系统视角》，《中国科技论坛》2019 年第 5 期。

式。对于产业的转型、升级和竞争力再造需要在一个完全超越原有产业链条的层面构建新的经济运营模式——平台。[①]

三、平台的行为

平台行为是指平台如何通过对各类资源进行合理配置从而实现平台多方主体交易的有效进行和平台自身的增值。

对平台行为的分析包括对平台的发展阶段和运行机制的研究。与以前的经济模式一样，平台也有生命周期，在生命周期的不同阶段，平台将采取不同的行为，如何根据自身平台的发展阶段采取相应的措施是平台发展的关键。

对运行机制的研究是探究平台通过何种方式实现和保持用户市场的规模化，从而使平台得以持续运营和盈利。平台运营的关键，在于尽早实现和保持用户市场的规模化。规模化带来的交叉网络效应是平台得以持续运营和盈利的基础，涉及对包含内容提供商以及海量用户在内的多变市场的召集和利益协调问题。只有通过一定的市场策略启动并突破用户临界点，平台才能在竞争中生存下来。[②]

四、平台的产业效应

产业效应是强调支柱产业对经济和社会发展影响力的一种效应。本书中平台的产业效应是指平台对于产业发展产生影响的一种效应，

---

①　谷虹：《信息平台论——三网融合背景下信息平台的构建、运营、竞争与规制研究》，清华大学出版社 2012 年版，第 43—186 页。

②　谷虹：《信息平台论——三网融合背景下信息平台的构建、运营、竞争与规制研究》，清华大学出版社 2012 年版，第 43—186 页。

包括实现产业素质与效率的提升和优化产业结构两方面。

就实现产业素质与效率的提升而言，平台的构建和运行可以真正使企业之间的竞争由各个业务环节的竞争发展到更专业化的专有知识的竞争，提高整个产业生产经营活动的水平和效率。[①] 产业素质与效率的提升具体通过双（多）边市场效应、外部经济效应和创新升级效应得以实现。双（多）边市场效应是指平台双边市场互相影响、互相依赖，形成正反馈作用。外部经济效应是指平台通过对信息资源的整合集聚，帮助产业内各企业主体降低生产和交易成本，从而提高环保服务质量，促进环保服务业发展。创新升级效应是指一方面利用资源优势，平台自身将进行快速成长，推动产品升级、工艺升级和功能升级；另一方面作为第三方组织推动职能创新和商业模式创新。

就优化产业结构而言，对于平台使用企业来讲，产业结构从传统的线型供应链结构转变为基于互联网平台的网状立体协同结构，主体之间两两链接，直接交换信息，达成交易，通过动态柔性链接实现即时反应、优势互补、共赢共生。[②] 具体通过成长衍生效应实现产业结构优化的产业效应。成长衍生效应是指平台作为一种新的组织形式，使组织边界模糊化，社会分工重组化，原有组织形式得到进一步升级。

---

① 徐晋：《平台经济学》，上海交通大学出版社 2007 年版，第 8—10 页。

② 叶秀敏：《平台经济促进中小企业创新的作用和机理研究》，《科学管理研究》2018 年第 2 期。

环保服务业数字化模式篇

第三章　环保服务业数字化模式分析

本章对环保服务业数字化的内涵及特征进行界定，并对环保服务业数字化模式的影响因素、模式类型和产业效应进行总体研究，其基础逻辑如图 3.1 所示。其逻辑路线是首先分析环保服务业数字化的内涵与特征并在此基础上结合波特钻石模型的相关理论提出环保服务业数字化模式形成的影响因素。其次依据不同环保企业获得数字技术的途径不同，将环保企业获取数字化技术的来源渠道作为划分环保服务业数字化模式的依据，最后再分析环保服务业数字化模式的产业效应。

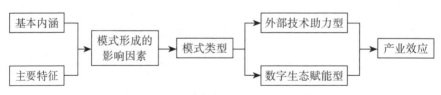

图 3.1　环保服务业数字化模式基础逻辑框架

第一节　环保服务业数字化的内涵与特征

通过整合相关文献为环保服务业数字化的内涵研究提供了理论基础，通过与传统环保服务业的比较分析得出环保服务业数字化的特征。

一、基于三层面的环保服务业数字化内涵解读

环保服务业数字化是环保服务业与数字技术的深度融合，实现数字技术在生产、运营、管理、营销和服务等诸多环节的应用，促进环保企业以及产业层面的网络化和智能化发展。

环保服务业的数字化不是简单地将数字技术应用到环保服务业，而是数字技术与微观（企业）层面、中观（产业）层面的全方位融合进而实现宏观（社会）层面的转变。具体来说，在微观层面，数字技术在企业内部的应用以及数字化理念在企业内部的传播促使企业革新经营理念，改变企业经营过程，形成新型经营模式。通过构建全要素数据链实现企业内部的资源要素整合，优化企业内部资源要素配置。在中观层面，数字化革新环保服务业产业链上下游企业的合作、创新模式。通过构建环保数字生态体系，搭建开放合作的价值共创生态圈，形成多方主体共同协作创新的新模式，促使产业链的各环节生产服务效率的提升。在宏观层面，由于环保产业是政策导向型产业，在环保服务业数字化的转型过程中，外部的支持保障体系如经济保障体系、社会保障体系等也在发生转变。从经济保障体系来看，主要包括财政支持体系、市场创新体系、产业创新模式的转变。从社会保障体系来看，主要包括复合型人才的培养引进就业体系、政策支持体系和社会治理模式等方面的创新改进。

二、对比分析环保服务业数字化三个特征

在前文对产业数字化的特征分析中，将产业数字化的特征总结为数据资产核心化、产业跨界融合化和数字平台生态化三方面。具体到环保服务业，数据资产核心化促使运营模式和资产管理模式的

转变，数字平台生态化引发服务模式的变革。如表 3.1 所示，与传统环保服务业相比，环保服务业数字化表现在运营模式由供给导向向客户需求导向转变，资产管路模式由物理资产管理模式向数据资产管理运营化转变，服务模式由单一的线下服务模式向多层次的线上线下一体化、智能化服务模式转变。由此将环保服务业数字化的主要特征概括为：客户需求中心化、数据资产管理运营化和服务智能一体化三方面。

表 3.1　传统环保服务业与环保服务业数字化特征比较

	传统环保服务业	环保服务业数字化
运营模式	供给导向	客户需求导向
资产管理模式	物理资产管理模式	数据资产管理运营化
服务模式	单一的线下服务模式	多层次的线上线下一体化、智能化服务模式

（一）客户需求中心化

相比于传统环保服务业的供给导向运营模式，环保服务业数字化是以客户需求为导向的运营模式。在传统经济模式下，环保企业获得市场反馈的方式多为线下回馈的单一模式，具有很强的时滞性且耗费的时间成本较高，无法准确获得市场的需求动向，企业提供的产品和服务无法精准满足消费者的需求。在数字经济模式下，环保企业运用数字技术实现精准连接市场需求，把控客户的需求偏好，更好地满足客户。主要表现在几个方面：一是自建数字平台，由产品供给向"产品＋服务"供给方面升级；二是数据、传输、感知、智能化决策贯穿环保服务的全过程，并使企业能够在最短时间内精准捕捉客户的适时需求，并结合具体环境污染问题，监测数据及在线分析报告，实施个性化定制服务及精准施策，最大限度地服务客户需求；三是在线上实行反馈机制，将客户的需求及建议进行总结，企业根据反馈建议及总结，确定未来发展方向，形成动态促进机制。

（二）数据资产管理运营化

数据作为重要的生产要素，对企业而言至关重要。鉴于其重要性，很多环保企业将其作为企业资产进行统一管理。一方面，数据资产不仅决定着企业内部经营模式、组织模式和商业模式的发展方向，也决定着企业对外部市场的预测方向。数据已成为企业重要资产这一理念被广泛接受，企业通过深挖数据价值，探寻新的价值增长点，实现数据在产品和服务方面的应用。①另一方面，企业的数字化转型使得企业收集到大量数据，然而并非所有数据都是有效的，数据的管理成本会随时间推移越来越高，但其中夹杂着许多"无效数据"，为企业的数据分析徒增许多负担。为解决这一问题，企业通过建设数据资产管理规划，提高数据资产价值，实现数据资产的管理运营化。

（三）服务智能一体化

服务智能一体化是环保服务业数字化的重要特征之一。环保企业采取多层次的线上线下一体化、智能化服务模式，通过建设大数据归集、处理、管理、服务和共享一体化全生命周期的数据治理体系构建"一体化、智能化"的大数据平台。通过大数据平台与终端的连接，为客户提供一体化服务。通过平台明确需求并及时沟通，设定个性化的产品及服务，打造"横向协同、纵向一体、数据联动、治理精准"

---

① 吕铁：《传统产业数字化转型的趋向与路径》，《人民论坛·学术前沿》2019 年第 18 期。

的环保服务发展格局，实现数据的收集与挖掘、业务的应用集成与共享、平台的及时反馈与改进。

第二节　环保服务业数字化模式形成的影响因素

一、基于钻石模型的影响因素识别

目前针对环保服务业数字化模式形成的影响因素研究较少，多以制造业数字化转型的影响因素研究为主。杨继东等将制造业数字化转型影响因素分为宏观经济环境、数字基础设施、行业成本、企业内部因素和政府针对性政策因素五类。[①] 董华等从企业内部信息技术基础设施、产品和服务特征、合作伙伴关系、企业自身规模等方面论述数字化驱动制造企业服务化转型的影响因素。[②] 相关文献对产业数字化转型的影响因素研究主要从企业内部因素和外部环境两方面展开研究，尚无统一的研究模式。在环保服务业数字化模式形成中，产业竞争优势是一个重要的分析角度，而波特钻石模型就是影响产业竞争优势的因素分析，为环保服务业数字化模式形成的影响因素选择提供了借鉴。通过借鉴波特钻石模型中的六个因素并结合环保服务业数字化的内涵特征，构建环保服务业数字化模式形成因素的钻石模型，主要包括生产要素、企业、需求条件、相关支持性企业和机构、政府和机会六类因素，如图 3.2 所示。

[①] 杨继东、叶诚：《制造业数字化转型的效果和影响因素》，《工信财经科技》2021 年第 4 期。

[②] 董华、隋小宁：《数字化驱动制造企业服务化转型路径研究——基于 DIKW 的理论分析》，《管理现代化》2021 年第 5 期。

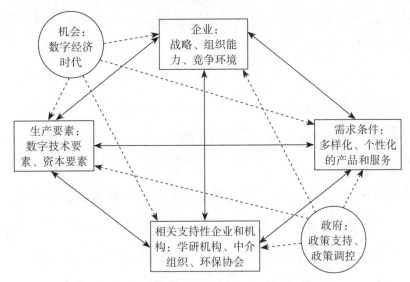

图 3.2　环保服务业数字化模式形成的影响因素

二、生产要素：数字技术要素和资本要素

在生产要素中，数字技术要素和资本要素对环保服务业数字化模式的形成具有重要影响。数字技术要素影响企业数字技术研发进程和数字技术应用程度，而资本要素则为数字技术的研发应用提供资金支持，这使得数字技术要素和资本要素作为生产要素中的重要因素影响环保服务业数字化模式的形成。

大数据、云计算、人工智能等数字技术的发展应用改变了传统环保产业的生产经营模式和价值创造体系。数字技术能够全方位提高企业的生产层和运营层的效率。在生产经营层，数字技术的应用实现了全生产周期的数据收集、分析、测算。在运营层，数字技术的应用实现了信息在企业内部的适时共享，降低了企业内部沟通成本。同时，数字技术也为企业连接产业链上下游企业，形成新型合作模式，实现价值共创提供了技术支持。数字技术促使数字平台等新兴经济模式的出现，促使企业间的交流合作不断加深，提高了企业的核心竞争力。

资本要素主要通过影响数字技术的研发、复合型人才的引入和培养，影响环保服务业数字化模式的形成。数字技术从研发、应用到产生效益有一定的时间周期，同时由于数字技术具有迭代创新性，需要持续对新技术进行研发以跟上技术发展潮流，在此期间需要资本的持续投入。同时，企业需要引入、培养复合型人才从而调整内部的人员架构，为企业提供数字化转型基础，这也需要资本要素的投入。因此，环保服务业数字化模式的形成需要大量的资金支持，这就需要有多方面的融资渠道来满足环保企业数字化转型过程中的资金需求。

三、企业战略、组织能力与竞争环境

企业战略、组织能力与竞争环境是环保服务业数字化模式形成的重要影响因素。企业战略决定企业数字化发展方向，企业组织能力决定数字技术与组织结构的匹配效果，影响企业数字化转型成效，竞争环境的变革则促使企业进行数字化转型，提高自身竞争力。

企业战略的制定是"一把手"工程，取决于企业管理层的综合能力。作为企业战略的决策者和制定者，企业管理层决定着企业数字化转型发展的总体目标和具体实施路径。企业管理层对数字化转型的重视程度、理解能力和实施路径对转型的成败有重要作用，制定合乎企业具体情况的战略是环保服务业数字化模式形成的重要前提。

企业组织能力包括企业组织变革能力和企业组织适应能力。数字技术在传统业务的应用，打破了业务与数字技术的界限，变革了传统

组织结构。① 企业组织变革能力决定了数字技术与组织结构的匹配程度，通过增强数字技术应用与组织结构的匹配程度，重构管理模式和业务流程，能够影响企业数字化转型效果。企业组织适应能力则表现在企业数字化转型过程中组织模式的转变速度和方向。数字技术在企业的应用使得企业与客户之间的联系加强、距离更近，企业需要对客户的需求进行快速响应，这就需要构建敏捷型企业组织。同时，企业组织还应具有变革性与包容性，这对于培养、引入复合型人才，拓宽业务范围，提高组织适应能力具有重要作用，② 是推动环保服务业数字化模式形成的重要因素。

在数字化浪潮中，环保企业正面临颠覆性的竞争环境变革。在以往的竞争中，由于存在知识和技术上的壁垒，环保企业的竞争者都为同行业的企业。数字技术的广泛应用催化出了许多数字科技企业，数字技术产业和传统环保服务业的跨界融合，使得产业边界模糊，打破了以往行业间竞争的竞争格局，使得环保产业的竞争更为激烈。

四、需求条件

我国环保服务业市场需求旺盛，特别是自"双碳"战略目标发布以来，如何在提高企业经济效益的同时降低对环境的危害成为企业关注的重点，在此背景下，我国环保服务业务的需求量持续增长。同时，随着数字技术的不断发展，市场对环保产品和服务有了更多的要求，

---

① 陈畴镛、许敬涵：《制造企业数字化转型能力评价体系及应用》，《科技管理研究》2020年第 11 期。

② 曾德麟、蔡家玮、欧阳桃花：《数字化转型研究：整合框架与未来展望》，《外国经济与管理》2021 年第 5 期。

多样化和个性化成为环保服务市场发展的主旋律。

一方面，市场需求的多样化促使环保服务业数字化模式的形成。环保服务企业为把握多样化的市场需求，需要借助数字技术收集、整合并分析市场需求大数据，进而时刻掌握市场动向，研发、设计相应的产品以满足市场需求，提高自身效益。

另一方面，市场需求的个性化促使环保服务业数字化模式不断创新。不同的企业有着不同的内外部环境。企业在寻求环保服务时，会根据自身情况提出个性化的环保服务需求。市场需求的个性化促使环保服务企业需要分析不同企业的需求状况，提供个性化的产品和服务，并在此过程中不断创新环保服务业数字化模式，使得组织模式更加快捷、经营模式不断精细。

五、相关支持性企业和机构

由于技术壁垒的存在，大多数环保企业在数字化转型过程中无法凭借自身力量实现数字化转型，需要借助多方力量。数字技术供应企业、科研机构能为环保企业提供转型所需要的技术，而中介机构、环保协会等组织机构则通过提供前沿技术信息、政策导向等专业知识和数字技术供应商信息等方式参与企业数字化转型的过程，促使环保服务业数字化模式的形成。

自 2015 年国务院提出"互联网＋"战略以来，很多科技企业和科研机构加大了对数字技术的研发和应用力度，如：浪潮集团大力研发云计算、大数据技术，在基础设施、平台软件、数据信息和应用软件四个层面支持企业数字化转型，为企业提供 IT 产品和服务。互联网企业的迅速发展为环保服务企业提供了技术支持，促进了环保服务业数字化模式的形成。

中介机构、环保协会等组织机构对环保服务业数字化模式的形成也具有重大作用。环保服务业与信息技术产业存在着行业壁垒，致使双方在进行合作时存在着高度的信息不对称。中介机构主要通过平台为环保企业提供数字技术供应商信息，使环保企业对技术供应商的概况有一定了解，降低企业搜寻成本。环保协会则通过解读国内政策，整理前沿技术在环保产业的应用案例为环保企业数字化转型提供方向和思路。

六、政府支持

在环保服务业数字化模式形成的过程中，政府在政策支持催化环保服务业数字化模式的形成以及根据政策实施情况进行调控两方面起着重要作用：

一是政策支持催化环保服务业数字化模式的形成。首先，为解决环保企业在数字化转型中存在的问题，同时为环保企业数字化转型提供良好的政策环境，政府通过制定规划纲要为企业提供战略方向，如：在"十四五"规划和2035年远景目标纲要中提出发展新一代信息技术、绿色环保等战略性新兴产业以及创新数字技术。其次，政府还通过财政政策减少企业的资金压力，并提供多渠道融资途径，鼓励企业研发新技术。最后，政府通过建设基础设施为环保服务业提供良好的外部环境。当前，我国政策向大型企业倾斜，旨在让龙头企业率先实现数字化转型，为中小企业提供扶持，并以此带动全产业的数字化转型。

二是根据政策实施情况进行调控。最早成功实行数字化转型的企业能够提高知名度、制定行业标准，抢占更高的市场份额，获得最大的利益。这使得后续进行数字化转型的企业未来盈利空间变小，后续进行数字化转型的企业需要研发新技术和新产品，加大了中小企业的数字化转型的难度。因此，政府在这一过程中的调控作用便显得必不可少，通过相应政策的出台，削弱马太效应，使得中小企业也能获得数字化转型带来的绩效增长，从而促进整个环保产业的效率提升。

七、机会

在数字经济时代，政策的支持和数字技术的发展为环保服务业数字化模式的形成提供了机会。在对政府支持因素已经有了详细的分析后，本书主要从数字技术的发展角度分析环保服务业数字化模式形成的机会因素。

数字技术的不断发展促进了数字平台、智能终端的发展。数字平台链接着企业、环保协会、数字技术供应商等主体，为环保服务企业数字化转型提供了转型思路和成功案例。数字化产品和服务方案提高了环保服务企业的服务效率，对环保企业增强自身竞争力、扩大市场影响力具有重要作用。同时，平板电脑、手机等智能终端的发展为客户随时了解环保服务项目的运行情况提供了可能。这些都为环保服务企业满足用户的个性化要求，提高用户的满意度，进行数字化转型提供了基础。

第三节　环保服务业数字化模式的分类

一、分类的依据

在环保服务业数字化模式形成的影响因素分析中可知，企业的数字化转型需要数字技术的支撑，数字技术作为环保服务业数字化升级过程中的支撑起点是转型能否成功的重要因素。企业想要实现数字化转型升级，如何获取数字技术是关键。企业获取数字技术主要有两种途径：一是企业通过投入资金、人才独自研发获取；二是通过技术引进的方式获取。在获取数字技术之后，通过实现数字技术在企业内部应用，提高企业的核心竞争力，革新企业的生产经营模式，以适应不断变化的市场环境。[①] 由于数字技术壁垒的存在，环保服务业数字化转型面临着困境。大多数环保企业数字化转型通常需要借助"外力"，与数字技术服务供应商进行合作，聚焦企业内部核心业务，引进数字技术。同时，充分利用数字技术服务供应商的数字基础设施，增加知识、人才的交流互动，提高自身的数字技术研发应用能力从而实现数字化转型。还有部分环保企业凭借自身规模优势通过整合内外部资源，深挖自身资源和能力，建设数字生态，通过加强数字生态内部各主体的技术、人才、知识、信息的交流，研发并应用数字技术实现企业的数字化转型。

根据前文关于产业数字化模式的分类研究，有学者从企业商业模式不同发展阶段出发，不同的商业模式阶段采取不同的数字化转型模式。[②] 也有学者以企业内部各业务模块为出发点，将数字化模式分为设计模式数字化转型、管理模式数字化转型和商业模式与服务方式数字化转型。[③] 还有学者以驱动因素的不同，将产业数字化模式分

---

① 张旭昆：《互联网三重产业效应下寡头垄断如何应对》，《探索与争鸣》2021 年第 2 期。
② 荆浩、尹薇：《彩生活：数字化驱动商业模式转型》，《企业管理》2019 年第 9 期。
③ 何伟、张伟东、王超贤：《面向数字化转型的"互联网＋"战略升级研究》，《中国工程科学》2020 年第 4 期。

为了社会动因主导模式和创新动因主导模式。[①] 学者对产业数字化模式的分类多以企业各发展阶段、各业务模块为分类标准，旨在解决企业不同阶段采取何种措施实现数字化和企业内部各业务模块如何实现数字化转型，但对于不同企业选择何种模式从而实现数字化转型这一问题却没有涉及。基于上述数字技术对企业数字化转型的重要性的研究以及不同环保企业获得数字技术的途径不同，将环保企业获取数字化技术的来源渠道作为划分环保服务业数字化模式的依据，旨在解决不同企业选择何种模式从而实现数字化转型这一问题。具体而言，将环保服务业数字化模式分为外部技术助力型（ETA，External Technical Assistant Type）和数字生态赋能型（DEE，Digital Ecological Empowerment Type），如表 3.2 所示，进而对不同发展模式进行研究。

表 3.2　环保服务业数字化模式分类

模式类型	外部技术助力型环保服务业数字化模式	数字生态赋能型环保服务业数字化模式
适用群体	资源有限的中小企业	实力雄厚，资金和技术资源都较为丰富的集团化企业
模式特征	搭建企业合作创新机制 动态知识转移 以业务模块为数字化转型起点	以多元数字技术平台为依托 以龙头企业为核心 多边主体共生共建
主要措施	通过外部生态的流量、技术和数字化基础设施，快速扩张规模	整合产业链上下游，拓展边界 打造自身专属生态

二、外部技术助力型（ETA）环保服务业数字化模式

外部技术助力型环保服务业数字化模式适用于资源有限的中小企

[①]　杨卓凡：《我国产业数字化转型的模式、短板与对策》，《中国流通经济》2020 年第 7 期。

业。中小企业往往缺少资本、技术等核心生产要素，缺少持续性创新研发数字技术的能力。因此，与数字技术供应商合作，借助其技术资源优势是中小企业实现数字化的主要途径。外部技术助力型环保服务业数字化模式具有搭建企业合作创新机制、动态知识转移、以业务模块为数字化转型起点的特征。环保企业在与数字技术供应商的合作中，将核心业务数字化转型作为企业数字化转型的起点，通过技术引进或根据需求定制研发等方式，满足企业前中期数字化转型的发展需要，并以核心业务为中心，逐步实现全业务的数字化转型，并引发企业组织模式、商业模式的变革，形成从核心业务向外围扩散的数字化转型模式。

三、数字生态赋能型（DEE）环保服务业数字化模式

数字生态赋能型环保服务业数字化模式是实力雄厚、资金和技术资源都较为丰富的集团化企业实现数字化转型的主要途径，具有以多元数字技术平台为依托、以龙头企业为核心、多边主体共生共建的特征。数字生态系统包含产业链、价值链和生态链上相互连接的主体，在数字经济环境下协同开发产业体系内的资源要素，并基于内部和外部环境的变化形成共存共生的环保数字生态体系。数字生态系统不仅包括企业、学研机构、政府等主体，也包括环保协会、中介服务机构等客体。环保企业通过整合内外部资源，在企业内部整合内部资源，实现资源要素的最优配置。同时，重组业务模式、优化组织架构以适应企业数字化转型。在企业外部，协同环保产业链上的企业、科研机构、高校、环保协会构建以自己为核心的环保数字生态体系，投资、扶持、培育数字化项目，如环境数字医院等，形成环保价值链闭环。

第四节　环保服务业数字化模式产业效应

一、产业效应的识别

产业效应能够反映出某一产业对经济和社会发展的影响，研究环保服务业数字化模式产业效应对完善相关理论研究具有重要作用。在产业效应的相关研究中，张旭昆从产业结构效应、产业组织效应和产业区位效应三方面对互联网技术与产业的融合应用进行研究，认为互联网技术在传统产业的应用能够淘汰落后产能，实现产业结构升级。同时，产业组织形式也发生变化，互联网技术的应用使得平台型企业出现，企业间的不断竞争促使它们提升服务质量和效率。[①] 最后，平台型企业的发展改变了各种要素的稀缺性，影响不同区位的产业发展水平。祝合良和王春娟认为数字经济促进产业高质量发展表现在成本节约效应、规模经济效应、精准配置效应、效率提升效应和创新赋能效应五个方面。[②] 丁志帆认为数字经济驱动产业发展表现在网络效应、产业关联效应、产业创新效应、产业融合效应、技术扩散效应上。[③] 上述学者认为数字技术的应用，能够降低企业运营成本，提高企业运行效率，表现在网络效应、精准配置效应、效率提升效应等方面。同时，也对优化产业结构，实现技术在产业间的扩散实现产业升级具有重要作用，表现在产业创新效应、产业融合效应、技术扩散效应等方面。

---

① 张旭昆：《互联网三重产业效应下寡头垄断如何应对》，《探索与争鸣》2021 年第 2 期。

② 祝合良、王春娟：《"双循环"新发展格局战略背景下产业数字化转型：理论与对策》，《财贸经济》2021 年第 3 期。

③ 丁志帆：《数字经济驱动经济高质量发展的机制研究：一个理论分析框架》，《现代经济探讨》2020 年第 1 期。

　　技术和知识的扩散具有很强的外部性，能打通环保企业内外部技术和信息屏障，促进企业数字化转型进程，体现出技术扩散效应。同时，环保服务业数字化模式对于创新协作模式、提高生产效率、实现企业间的网络协同化具有重要作用。通过借鉴相关学者的分析，本书提出环保服务业数字化模式具体通过技术扩散效应、创新升级效应、效率提升效应、网络协同效应，提高环保服务业产业效率，如图3.3所示。具体来说，在外部技术助力型数字化模式中，技术扩散效应和效率提升效应是通过降低技术研发和搜寻成本、提高内部生产效率，实现环保服务业数字化转型效率提升和结构优化。在数字生态赋能型模式中，技术扩散效应、创新升级效应、网络协同效应是通过打破产业内部技术壁垒、组建多主体协同机制、共享互补资源要素、组建企业间和产业组织的网络化、协同化机制实现环保服务业数字化转型效率提升和结构优化。

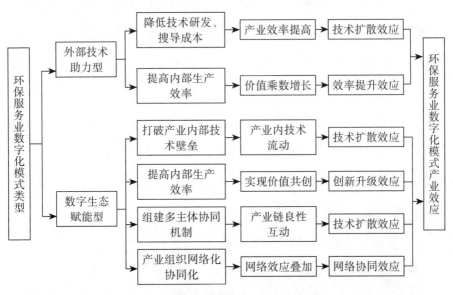

图3.3　环保服务业数字化模式产业效应

二、技术扩散效应

环保服务业数字化模式的技术扩散效应是数字技术供应商、环保龙头企业、科研机构等数字技术拥有者主体通过平台等媒介对技术需求企业进行技术赋能，打通环保企业内外部技术和信息屏障，降低生产和交易成本，提高生产效率，同时促使企业组织模式、企业文化的变革，实现组织结构和数字技术应用的匹配，促进环保服务业发展。技术扩散效应主要表现在两方面：

一是在数字经济蓬勃发展的大环境下平台经济等新型经济模式的出现促进了环保企业间的互动和沟通。平台型企业具有中介作用，通过收集整合环保企业与数字技术供应商的信息，充当着环保企业和数字技术供应商沟通交流的媒介。平台通过提供数字技术供应商的基本情况和成功案例，帮助环保企业增进对相关信息的了解，增加经济适用性，降低技术需求企业的技术研发和技术搜寻成本。

二是数字技术供应商等技术供给主体通过技术转让和技术溢出带动环保企业内部数字技术基础设施的建设和结构升级，促使环保企业不断引进新技术并进行产品创新，同时重视复合型数字人才的培养和引进。

对外部技术助力型环保服务业数字化模式而言，技术扩散效应表现在降低技术研发、搜寻成本，提高产业效率；对数字生态赋能型环保服务业数字化模式而言，技术扩散效应表现在打破了产业内部壁垒，促进了技术产业内部的流动。

三、效率提升效应

效率提升效应是指环保企业通过数字技术在生产环节的全方位应

用，实现生产要素使用效率、要素配置运行效率和商业运行效率的提升。具体表现在：

一是提高生产要素使用效率。数字技术的应用减少了部分智力以及体力工作岗位的需求，大幅减少冗余劳动力要素的投入。同时企业可基于大数据深度分析能力对生产环节的海量数据进行测算和科学评定，实现生产全过程的协同工作，提高生产要素使用效率。

二是提升要素配置运行效率。利用大数据分析技术对生产大数据和销售大数据进行分析，并进行数据管理和虚拟仿真生产。通过对市场进行分析，合理测算并规划生产要素投入量，提升要素配置运行效率。

三是提高商业运行效率。以客户需求为中心，专注于设计产品服务一体化的整体解决方案，通过构建客户深度参与的商业运行模式实现智能化需求管理和多环节无形价值增值。

对外部技术助力型环保服务业数字化模式而言，提高了内部生产效率，实现价值乘数增长。对数字生态赋能型环保服务业数字化模式而言，商会、协会等主体的加入使得信息、资源等要素得到共享和互补，加强环保产业链上下游企业之间的协作配合，提升环保服务业服务效率。

四、创新升级效应

创新升级效应是指环保企业在数字化转型中，不再采取之前独自研发技术、应用技术的传统升级模式，而是创新数字化升级的路径，采取合作创新的模式。创新升级效应表现在创新主体的二元化甚至是多元化上。在以往的企业转型升级中，创新主体为企业内部各层级的创新，创新主体单一。在环保服务业数字化模式中，创新主体不仅包括环保企业，还包括科研院所、数字技术供应商、中介组织以及社会上的创新个体。多元化的创新主体助力环保服务业的数字化升级。

数字技术的研发、知识的积累是一个持续且漫长的过程，数字技术的持续性研发需要资本和人力要素的大量投入。对于企业来说，单独对数字技术进行研发，周期过慢且耗费的资源大多数企业难以承受，而合作创新模式使得创新主体增加，数字技术研发和创新周期变短、与产业的融合更快，提高了环保服务业数字化转型效率。

在数字生态赋能型环保服务业数字化模式中，龙头企业通过利用自身资源优势，组建数字生态赋能圈，形成地方政府、企业、数字技术服务供应商、学研机构、平台组织等多主体创新协作机制。多主体的创新协作模式使得技术、知识通过环保数字生态圈向产业链上下游企业以及相关产业传递，实现环保服务业相关领域的共振效应，加速产业链上下游要素资源数字化及有效整合，实现良性互动。

五、网络协同效应

网络协同效应是在数字技术的广泛赋能下，将技术、数据、生产制造、仓储流通、售后服务等生产活动和多元创新要素链接，并通过平台创新衍生出新型合作机制，形成网络化、协同化的生产组织方式，实现生产网络协同。在数字经济的发展模式下，创新主体的多元化和资源配置模式的高效化是物理空间和网络空间融合发展的重要特征，促进产业组织模式由纵向一体化模式向网络化、协同化、生态化转变。[①]生产和创新过程不再是单一的企业内部创新，而是多主体、多元化的创新模式，其中就包括高校、科研院所、高科技企业以及社会上的创新个体，他们共同组成了产业创新生态系统。多元创新主体的协同合作可互补资源劣势，实现环保服务业服务效率提升，释放叠加倍增效应。[②]

数字技术在环保服务业的应用实现了环保服务业产业链上下游的协同，通过技术、知识、人才的交流共同促进企业的数字化转型进程。同时，环保企业还实现与环保协会等机构的信息协同，把握数字化发展方向和政策导向，重构行业价值，实现更大规模的网络协作。

对数字生态赋能型环保服务业数字化模式而言，实现了环保数字生态内部企业和产业组织的网络化、协同化，提高了数字化转型效率，实现了网络效应的叠加。

---

① 单子丹、陈琳、韩琳琳、曾燕红：《数字化制造下多主体服务创新行为决策机理》，《计算机集成制造系统》2021年第10期。

② 李辉、梁丹丹：《企业数字化转型的机制、路径与对策》，《贵州社会科学》2020年第10期。

第四章 外部技术助力型环保服务业数字化

外部技术助力型环保服务业数字化模式是传统环保企业借助外力，通过与数字技术供应商合作，打破技术壁垒实现企业的数字化转型。在本章的研究中，首先，以产业数字化的基本问题为理论基础对外部技术助力型环保服务业数字化模式的特征进行分析；其次，对该模式的实现机制和作用机制进行论述；再次，对外部技术助力型环保服务业数字化模式的产业效应进行分析。

第一节 外部技术助力型环保服务业数字化模式特征

外部技术助力型环保服务业数字化模式多被资源有限的中小企业所采用。在关于两种数字化模式的对比中发现该模式具有以下特征：一是搭建企业间合作创新机制，实现资源共享。二是动态知识转移，实现技术、知识的双向流动。三是以业务模块为数字化转型起点，通过对各个模块数字技术赋能，逐步实现企业的数字化转型，如图4.1所示。

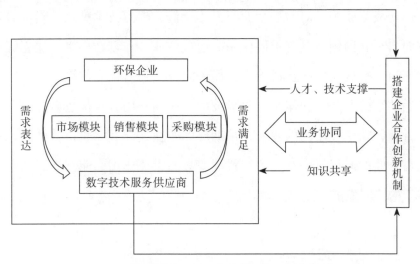

图 4.1 外部技术助力型环保服务业数字化模式特征

对于缺少数字化转型要素的企业而言，一方面，企业数字基础设施落后，缺少数字化设备，同时业务的数字化程度不高，使得企业无法独立进行数据收集、测算和利用；另一方面，企业受限于技术、知识、人才要素匮乏，大多无法独自完成数字技术的开发应用。因此，对于资源有限的中小企业而言，要通过与数字技术服务供应商合作，充分利用其技术优势和数字化基础设施，从而加快企业的数字化能力建设。

一、搭建企业合作创新机制

环保企业通过与数字技术供应商搭建合作创新机制，实现数字技术的共同研发和成果对接，并将数字技术应用到环保企业生产经营模块上，着力解决环保服务业数字化转型过程中出现的技术难题。同时，环保企业同技术供应商共同设立的研发机构、协同创新中心或产业技术创新战略联盟，对增强企业间人才交流、聚焦技术难点、确认研发方向实现共同创新具有重要作用。通过企业合作创新机制，建立资源共享池，实现信息的互通共享，促进双方供需对接和优势互补，形成共生共享的业务协同体系。数字技术供应商利用自身优势对环保企业进行智能软件和硬件的嵌入，帮助环保企业建立数字化运营体系，对提高企业的运行效率和资源配置效率具有重要作用，能够提高创新主体间的协同发展水平。[①]

二、动态知识转移

环保企业与数字技术供应商的合作不是单向的技术和知识的转移，而是与其协同创新，实现动态的知识转移。环保服务企业根据其自身的数字化转型需求与数字技术供应商进行合作，将技术供应商的数字技术和环保企业的环保知识、管理理念相融合，实现环保企业的数字化转型。如：瀚蓝环境为实现全方位的数字化转型，与阿里云合作，共同打造环保服务业环境治理平台。在双方合作中，阿里云为瀚蓝环境提供了技术平台和物联网技术，同时增加知识、技术的交流，实现了动态知识转移。瀚蓝环境通过引进技术，推动环保云服务业务的发展，基于阿里云计算平台、人工智能和物联网技术，打造环保行业的工业互联网平台，并面向环保行业展开相关技术服务。

三、以业务模块数字化作为转型起点

数字技术供应商在为环保企业进行数字化赋能的过程中，多是

---

① 李辉、梁丹丹：《企业数字化转型的机制、路径与对策》，《贵州社会科学》2020 年第 10 期。

以业务模块数字化为基础，将单一业务模块的数字化作为企业数字化转型的第一步。[①] 对环保企业来说，数字化转型需要在前期投入大量资源且转型后还存在经济回报不确定性的问题。因此，无论是市场分析环节还是内部管理环节，环保企业都需要找准突破口，聚焦核心业务模块，为各个模块进行数字技术赋能，实现业务模块从单点到全面的数字化转型，由此增强中小企业对数字化转型的信心，进而为全方位数字化转型打下基础。在实现企业所有业务模块的数字化之后，环保企业开始聚焦所有业务模块的网络化和智能化以实现业务模块数字化转型之后的进一步提升，形成成熟的数字化发展模式。

第二节　外部技术助力型环保服务业数字化模式实现机制

通过以上对外部技术助力型环保服务业数字化模式的分析并结合相关资料总结出外部技术助力型环保服务业数字化模式的实现机制，如图 4.2 所示。首先，通过合作创新机制实现技术、知识交流，促进自身的技术革新。其次，环保企业在实现技术革新后，聚焦自身核心业务环节，将数字技术与核心业务模块融合，实现核心业务模块的数字化转型，这也是企业进行数字化转型的起点。最后，业务模块数字化促使企业更好地集中管理，提高企业决策能力、运营能力，创造新型合作模式，实现企业管理模式变革。

---

① 布朗温・H.霍尔、内森・罗森博格：《创新经济学手册（第二卷）》，上海市科学学研究所译，上海交通大学出版社 2017 年版，第 35—37 页。

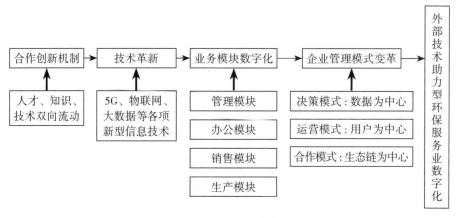

图 4.2　外部技术助力型环保服务业数字化模式的实现机制

一、合作创新机制实现环保企业技术革新

5G、物联网、大数据等新型数字技术的兴起带动了产业变革，促进了数字技术与各行各业的深度融合，为环保服务业的发展带来了新机遇。企业是最活跃的创新主体，环保企业致力于研发、引入先进数字技术为业务模块进行赋能，实现数字技术在企业具体实践中的应用并向高质量、数字化方向发展。

在外部技术助力型环保服务业数字化模式中，环保企业与数字技术供应商的合作创新机制对于提高环保企业的技术水平和人员素质，实现环保企业技术革新具有重大作用。一是在环保企业与数字技术供应商的合作中，环保企业向数字技术供应商进行需求表达，供应商充分利用其技术资源优势研发出适用于环保服务的新技术，并应用于环保产业链的各环节，降低了环保企业转型时间成本。二是基于其具有动态知识转移的特点，技术的研发、应用环节存在着知识和技术的双向流动，提高了环保企业的人员素质。人员素质的提升增强了环保企业的数字技术研发能力，实现了环保服务业技术革新，为之后的数字化转型提供了基础。

二、数字技术赋能核心业务模块

在外部技术助力型环保服务业数字化模式中，随着环保企业实现技术革新，环保企业进一步着力于实现数字技术的应用。对于中小企业而言，受限于自身资源劣势，企业数字化转型将从各业务模块的数字化转型开始，包括管理模块、办公模块、销售模块、生产模块、服务模块等。通过对办公模块、销售模块、生产模块、管理模块、服务模块等进行数字技术赋能，实现企业办公协同高效化、销售精准预测、生产运营智能化、管理决策智能化、服务线上线下一体化。

三、业务模块数字化拉动企业管理模式变革

各个业务模块的数字化升级，使得企业管理模式发生改变，总体归纳起来可以分为决策模式、运营模式和合作模式中心三个方面。具体表现为：

一是决策模式以数据为中心。随着数字技术在产业间的应用，产业边界逐渐模糊，市场环境发生变化，跨界竞争的出现使得行业竞争加剧。依靠以往经验进行企业战略决策已经无法适应快速变化的市场。环保企业利用数字技术实现对生产运营大数据的搜集并进行深度数据分析从而作出最优的决策。

二是运营模式以客户为中心。数字化时代，企业运营模式是从客户的需求出发，通过大数据研究分析客户的需求动向，把握市场的发展方向，调整资源配置，紧跟市场需求进行产品的设计，提供相应的服务，针对性地销售给精准定位的客户。

三是合作模式以协同生态链为中心。环保企业与产业链上下游关联企业进行合作，突破大型企业行业壁垒，增强生态链中合作伙伴的数字化转型进度，提高竞争力。生态链各主体的协同能使数字化转型相关的经验、知识和技术在各主体间流动，帮助合作伙伴迈过技术门槛，快速切入协同市场，为客户提供专业、全面的服务。

第三节　外部技术助力型环保服务业数字化模式作用机制

外部技术助力型环保服务业数字化模式对环保服务企业转型升级的作用机制表现在三个方面，其作用机制逻辑流程如图 4.3 所示。一是借助数字技术供应商的资源，从自身转型需求和难点出发，研发适应性技术实现数字技术应用。二是通过技术实施数字化管理体系，实现组织结构优化。三是深挖企业数据价值，开拓新的业务价值点，助力产品和服务创新升级实现商业模式转变。商业模式的变革促进企业效益增加进而促使企业加大对数字技术的研发投入力度，持续优化组织结构，实现良性循环。

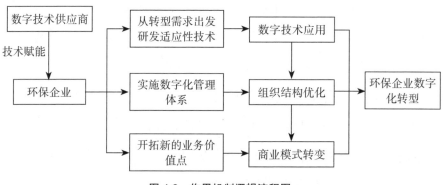

图 4.3　作用机制逻辑流程图

一、数字技术应用

环保企业在数字技术应用的过程中，主要经历两个过程：一是对企业的单项业务模块进行数字技术应用。环保企业通过与数字技术供应商进行需求表达，确定企业的发展战略、设立数字化技术标准，形成适合环保服务业数字化转型的数字技术体系。通过对生产、销售、财务、服务、营销等业务模块进行数字技术应用，从而实现单项模块的数字化。

二是建设综合性信息服务平台。通过建设综合性信息服务平台实现各业务模块的信息互通互联，实现生产效率的提升。在综合性信息服务平台中，各业务模块的子平台包括生产运营平台、企业内部管理平台、资源管理平台、售后服务平台等。具体而言，在生产运营层面，实现了全产业链的数字化管控，实现精准配置。在管理层面，打破部门间的层级壁垒，实现信息互通，提高企业内部沟通效率。在资源管理层，实现企业内部资源数字化管理，形成新型资源管理体系。在售后服务层，实现了线上沟通、线下处理的服务模式。综合性信息服务平台的建设打通了各业务模块间的信息孤岛，实现生产运营、管理决策、资源管理、售后服务的全面数字化，构建了企业价值链协同体系。

二、组织结构优化

企业的数字化不能局限于数字技术的研发升级。为确保企业数字化的顺利进行，企业需要调整组织结构和企业文化，从而营造出有利于企业数字化转型的环境。在外部技术助力型环保服务业数字化模式中，环保企业通过技术供应商的技术支持实现了业务模块的数字化，优化组织结构成为接下来的发展目标。以往的垂直层级组织结构存在效率过低的劣势，具有大平台、小前端特征的网络化、扁平化的组织结构成为新型组织模式。[①] 企业通过建立扁平化组织，打破企业内部各部门壁垒，解决以往因部门间信息壁垒的存在而导致的业务流程延期、终端的问题，实现组织结构优化和数字管理体系的实施。

环保企业组织结构的优化具体表现在三个方面：一是创立企业组织规范体系。以数字化业务流程为中心，构建扁平化的组织结构，形成企业机构精简、权责明晰的企业组织规范体系。二是形成新的组织管理体系。通过构建数字化管理体系，实现管理的高效化。三是实现人才结构优化。注重对复合型数字人才的培养、引入，组建数字化项目组，提高企业数据化运营水平。

三、商业模式转变

数字技术与商业模式的深度融合促进环保企业商业模式的转变。在企业数字化转型中，深挖数据资产潜在价值，研发数字化环保产品与服务，开拓在线数字化营销等新型业务模式，实现商业模式的革新。

商业模式的转变主要体现在以下两个方面：一是形成"数字化产品和服务 + 环保治理方案"的新模式。企业从客户需求出发，打造智能化、数字化的环保产品，实现环保产品的个性化供给。同时，通过

---

① 杨伟、周青、郑登攀：《"互联网+"创新生态系统：内涵特征与形成机理》，《技术经济》2018 年第 7 期。

智能环保服务平台提供在线化的服务，实现线上线下服务一体化。二是实现数字化营销。打造数字化订单系统并通过数字化模式开拓销售渠道，打造线上线下一体化销售模式，实现线下实体店和线上销售平台的结合。

第四节　外部技术助力型环保服务业数字化模式产业效应

外部技术助力型环保服务业数字化模式具体通过降低技术研发、搜寻成本、提高内部生产效率、实现产业效率提高和价值乘数增长，发挥了技术扩散效应和效率提升效应，促进环保服务业数字化发展，如图 4.4 所示。

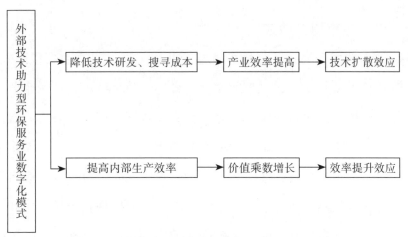

图 4.4　外部技术助力型环保服务业数字化模式产业效应

一、技术扩散效应

外部技术助力型环保服务业数字化模式通过降低技术研发、搜寻成本，从而提高产业效率，发挥技术扩散效应。数字技术的研发是一个长期、持续的过程，且研发出来的数字技术还存在实践适用性的问题。企业耗费人力和物力研发的技术无法匹配企业的业务转型需求，会给企业带来巨大的资源浪费，严重滞后企业的数字化进程。数字技术服务提供商具有技术优势，且数字技术经过长期的研发应用具有很强的实践适用性，可根据企业的不同需求提供个性化、定制化的技术服务。数字技术供应商在数字技术的研发过程中将研发出来的技术通过企业合作创新机制实现数字技术在企业间的传播、推广与应用。通过成果转让、技术服务、创新人才培养等形式，实现数字技术创新成果与环保企业内部各模块的有机融合。通过借力数字技术服务提供商降低了企业的研发成本和搜寻成本，加快了企业的数字化进程。

二、效率提升效应

外部技术助力型环保服务业数字化模式通过提高内部生产效率，实现价值的乘数增长，发挥效率提升效应。数字技术在环保企业的应用，促进了环保企业决策层、经营层、业务管理层、交易售后层的效率提升。在决策层，数字技术能有效连接企业上下层级，实现企业生产、运营、销售信息的适时流通，为管理层及时了解企业生产运营状况从而优化策略提供了支持。在经营层，主要体现在产品研发和制造环节的效率提升。数字化能够整合企业内部资源，实现资源配置的最优解，提高企业内部协同研发效率，缩短技术、产品的研发周期。同时，研发机构能及时了解客户需求，研发个性化产品，提供个性化服务。在业务管理层，数字技术运用到生产设备上，能为管理者提供可视化的生产过程。通过线上监测能有效提高对业务进度、完成效果等方面的把控。在交易售后层，企业通过平台这一媒介，及时了解用户的反馈信息，为客户提供全方位的售后服务。同时，企业可据此把握市场方向，改进产品和服务，提高产业创新能力，提高社会服务能力。

第五章　数字生态赋能型环保服务业数字化

　　数字生态赋能型环保服务业数字化模式是环保企业是实现数字化转型的重要途径。本章首先对该模式特征进行分析；其次，对数字生态赋能型保服务业数字化模式的实现机制和环保服务企业转型升级的作用机制进行论述；再次，对数字生态赋能型环保服务业数字化模式产业效应进行分析。

第一节　数字生态赋能型环保服务业数字化模式特征

　　数字生态赋能型环保服务业数字化模式多被实力雄厚，资金和技术资源都较为丰富的集团化企业所采用。环保数字生态体系具有集成性和动态性的特征，其建立需要环保企业、政府、中介机构、学研机构等相关方的信息互通、技术互融。在前文关于两种数字化模式的对比中发现其具有以多元数字技术平台为依托、以龙头企业为核心、多边主体共生共建的特征，如图5.1所示。

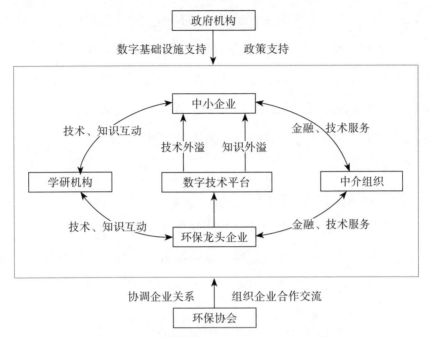

图 5.1 数字生态赋能型环保服务业数字化模式特征

一、以多元数字技术平台为依托

数字技术平台在数字生态赋能型环保服务业数字化模式中具有重要作用。环保数字生态体系的建立需要整合资本、技术、信息、知识等要素以实现供应链、信息链、创新链等环保全产业链的上下游协同。数字技术平台具有协调沟通的功能，这对于实现环保产业链的资源要素协同，有效连接数字生态系统中的主客体，并解决环保企业在数字化转型中存在的困难，实现技术、知识、经验的沟通互动具有重要意义。

一方面，数字技术平台能有效解决企业数字化转型过程中存在的技术瓶颈问题。龙头企业建设的数字技术平台在数字生态系统内部具有准公共物品的属性，可为产业链上下游企业提供数字技术和经验，有效地缓解了中小企业数字化转型中的技术、经验匮乏问题，降低了数字化转型成本，提高了中小企业数字化转型的成功率。另一方面，数字技术平台可连接政府、中介组织、学研机构、环保协会，通过提供数字基础建设、模块化的数字化解决方案、先进数字技术的发展方向以及环保政策解读等方式助力环保企业的数字化转型。

二、以龙头企业为核心

数字生态赋能型环保服务业数字化模式是具有资金、技术等资源要素优势的环保龙头企业通过整合内外部资源，构建环保数字生态体系从而实现自身和产业链上下游环保企业的数字化转型。环保龙头企业在环保数字生态系统中处于核心地位，通过构建数字生态系统，实现了技术、知识等数字化转型要素在环保产业链的上下游的流动，实现了技术、知识要素在产业链中的辐射效应，推动环保龙头企业数字化转型的经验和资源外溢，有助于龙头企业和中小企业在数字化转型方面实现合作。

龙头企业的核心地位主要体现在其具有资源和市场优势，使得其独立研发数字技术的能力较强，数字化转型的速度较快，即使数字化转型失败或转型的效果不理想也并不影响企业经营状况，承担风险的能力较强。同时，龙头企业通过建设数字技术平台实现行业的数据资源互通，促进环保产业内部协同，发挥灯塔效应，从整体上推动整个环保服务业的数字化转型。

三、多边主体共生共建

数字生态系统是数字技术与产业组织融合发展的生态化组织体

系，①能够重构主体间的协同发展模式，充分发挥出网络效应，是由企业、学研机构、政府、环保协会、中介服务机构等主体共同构建而成的。在数字生态赋能型环保服务业数字化模式中，企业在数字化转型过程中不是孤立的，而是依托于数字生态系统，通过与政府、环保协会、中介服务机构、学研机构等多方主体协同完成的。

不同的主体在企业数字化转型中发挥着不同的作用。政府主要负责提供企业数字化转型中所需要的数字基础设施同时给予企业相应的政策支持。中介服务机构可根据环保企业数字化转型中的共性需求，提供相对应的信息搜寻和金融等服务。环保协会则负责协调环保企业间关系，组织企业间合作交流，分享数字化转型经验，同时向环保企业传达并解读相关政策性文件，为环保企业数字化转型做好辅助工作。学研机构则为环保企业传达最新的研究动向，为企业数字化转型方向选择提供参考。数字生态体系中多边主体的共生共建模式实现了不同主体间的价值共创，提高了企业数字化转型的效率，加快了环保服务业数字化进程。

第二节　数字生态赋能型环保服务业数字化模式实现机制

本节将研究数字生态赋能型环保服务业数字化模式的实现机制，即阐述环保企业数字化的实现过程，如图5.2所示。一是整合企业的内外部资源以实现资源的内外部集成；二是搭建多元环保数字技术平

---

① Kashan A. J., Mohannak K., "Dynamics of Industry Architecture and Firms Knowledge and Capability Development:An Empirical Study of Industry Transformation", *Technology Analysis & Strategic Management*, 2017, 29(7).

台连接内外部资源，实行智慧化、精细化管控模式，构建全产业链环保服务体系，实现环保产业链整合；三是构建数字生态体系以实现环保产业生态集成。

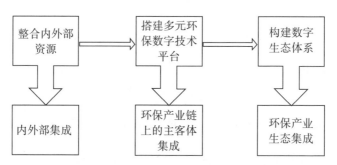

图 5.2　数字生态赋能型环保服务业数字化模式实现机制

一、整合企业内外部资源

　　龙头企业在创建环保数字生态体系的过程中首先要整合企业的内部资源和外部资源，实现企业的内外部资源集成。企业内部资源的质量和配置效率决定企业数字化转型的程度，企业外部资源的广度则能够提高企业数字化转型的效率，并决定环保数字生态系统的广度。企业的内部资源主要包括资金、数字技术、复合型人才等核心要素，这些生产要素对企业数字技术的研发和应用具有重要作用。企业根据自身的数字化战略和市场需求对核心要素资源进行重点整合，并重新配置以实现资源配置的最优分配。同时，企业对组织结构、生产营业模式进行调整优化实现组织内部的流程效率提高和自身管理效率的提升，为企业数字化转型做好准备。

　　企业的外部资源主要来源于两方面：一是政府各部门发布促进产业和企业数字化转型的数字化指导方案、财政补贴、税务减免等优惠政策，同时建设公共数字基础设施助力环保企业数字化转型。二是企业通过自身影响力与高校、技术研究所、环保协会等机构实行战略联盟，实现外部资源整合，明确发展方向。

二、搭建多元数字技术平台

在环保数字生态系统中不仅包括环保龙头企业、政府、学研机构等主体，也包括中介组织、环保协会等客体。环保龙头企业通过搭建多元数字技术平台能有效地连接数字生态系统中的主客体，实现主客体间的合作交流便捷化、高效化，促使技术、知识等要素的流动，摆脱环保产业链数字化转型的协调困境。

数字技术平台拥有充足的技术、信息资源，主客体通过数字技术平台可适时进行交流实现价值共创，基于互惠互利原则就技术、信息、资金等要素进行互动与合作，实现产业组织生态化。技术、信息和知识等要素通过数字技术平台实现其在环保产业链上的外溢，不仅能促进环保产业链上下游环保原材料供应商、制造商的数字化转型，还能为中小环保服务企业进行技术、知识赋能，从整体上推动产业链的数字化转型。同时，中介服务机构业可通过平台为企业提供个性化金融、技术等服务，提供转型方案从而降低企业数字化转型成本。

三、构建数字生态体系

环保企业在经过内外部资源整合实现企业数字化资源最优分配、搭建多元数字技术平台实现主客体间合作交流高效化后，要着力构建环保数字生态体系。环保数字生态体系以流动的技术、知识、数据等资源要素为基础，以多元数字技术平台为连接，以环保企业、学研机构、政府为主体，通过数字化连接形成线上线下的合作共生模式，并由不同的经济主体和客体共生共建。生态体系中以价值共创为导向，主客体通过平台实现环保产业数据、技术的实时共享，提高产业链不同环节的响应速度，催生出新型商业模式，同时为优化环保产业结构提供良好生态环境。在环保产业应用场景中推动开源成果先导应用，加速海量应用与技术研发的双向迭代，让生态体系中的企业能够以更低成本获取生产要素、以更高效率触达消费者需求，实现价值增值。从内部集成到产业价值链整合再到创建环保数字生态体系，环保企业实现数字技术的应用范围不断扩大，与数字生态系统中主客体的合作领域和深度不断拓展。

第三节　数字生态赋能型环保服务业数字化模式作用机制

本节主要从微观层面研究数字生态赋能型环保服务业数字化模式对环保服务企业转型升级的作用机制，其作用机制逻辑流程如图 5.3 所示。具体表现在三个方面：一是实现数字生态系统中主客体协同，

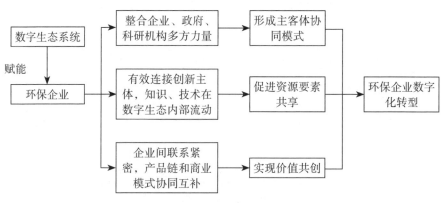

图 5.3　作用机制逻辑流程图

共同助力环保企业的数字化转型；二是实现资源共享，降低数字化转型成本；三是整合产业链上下游企业，实现价值共创。

一、形成主客体协同模式

在数字生态赋能型环保服务业数字化模式中形成了创新链、数据链、服务链的协同模式，促进环保服务企业的数字化进程。创新能力是制约企业数字化发展的重要因素之一，在数字生态系统中存在着环保龙头企业、科研机构以及个体创新者等多元创新主体，对提高产业整体创新能力具有重要作用。龙头企业具有资源优势，其创新能力强，对数字生态的形成具有主导作用。[①] 通过与科研机构以及个体创新者等创新主体合作，整合创新成果，并通过辐射作用向环保产业链上下游传递，能够解决环保服务企业从研发到应用各环节的技术难题，推动环保服务业整体数字化转型。

数据是数字经济中的核心生产要素，在数字生态系统中，通过整合环保产业链上下游企业的相关数据形成数据链协同，为环保服务企业生产运营各环节提供参照，提高企业生产运行效率。如：企业通过深入分析客户偏好数据，预测市场走向，同产业链上下游企业一同精准定位市场导向，提高全产业链的效益。通过服务链协同，实现环保企业线上线下一体化服务。在数字生态系统中通过整合龙头企业、政府、科研机构等多方力量，合力推动环保服务企业的数字化转型。

---

① Kashan A. J., Mohannak K., "Dynamics of Industry Architecture and Firms Knowledge and Capability Development:An Empirical Study of Industry Transformation", *Technology Analysis & Strategic Management*, 2017, 29(7).

二、促进资源要素共享

环保企业在数字化转型过程中需要大量的资源要素投入，通过数字生态系统能够实现环保企业内部资源与外部资源的整合，促进资源要素在数字生态系统中的共享，助力企业数字化转型。数字生态系统中的资源共享主要表现在两方面：

一方面，龙头企业通过建设环保数字技术平台，有效地连接了数字生态系统中的各创新主体。环保企业、科研院所和社会个体创新者各自研发、创新数字技术并在数字技术平台上交流合作，促使数字技术的研发和应用进程。同时，在数字生态系统内部，数字技术平台具有准公共物品性质，其他中小企业也可通过数字技术平台同其他创新主体进行交流，并能够低成本获得部分技术，有效缓解了中小企业数字技术研发能力不足的问题，促进行业整体发展。

另一方面，数字生态系统能够缓解复合型人才缺乏的问题。在企业数字化转型过程中，不仅需要加大对数字技术的研发投入，还要培养、引进数字化转型所需的复合型人才。企业的数字化战略制定、转型的方向以及企业组织结构的革新都需要具有相关知识、经验的人才。在数字生态内部，企业间的互动交流加深，知识、经验在数字生态中外溢。同时，社会中的个体创新者也能为企业提供相应的知识经验，有效缓解了企业人才资源缺乏的问题。

三、实现价值共创

在数字生态系统中，环保企业通过与政府、科研院所等主体的技术、知识、信息交流能够实现全社会范围的价值共创。政府在数字生态系统中主要负责提供相应的政策文件和基础设施建设用以助力企业的数字化转型。科研院所则是通过与环保企业进行技术研发、应用等方面的合作交流，向企业提供数字技术研发方向、成果等信息，为企业数字化战略方向、数字技术的选择提供借鉴。而企业对相关数字技术的应用所产生的效益也为研发机构的未来研发方向提供指导，实现了环保企业与研发机构的价值共创。

同时，在数字生态系统中，环保企业与产业链上下游企业和水平方向企业间的联系更加紧密，表现为产品链和商业模式的协同互补。在产品链中，各环保企业的产品具有互补关系，环保企业可通过数字技术平台对相关产品进行捆绑组合，以满足客户的全方位要求。在商业模式层面，环保企业可通过制定交叉补贴等营销策略充分挖掘市场潜力，提高产品竞争力，拓展市场；而客户也在其中获得了更好的产品及服务，各主体在共创基础上实现企业的利益最大化。

第四节　数字生态赋能型环保服务业数字化模式产业效应

数字生态赋能型环保服务业数字化模式具体通过打破产业内部技术壁垒、共享互补资源要素、组建多主体协同机制、产业组织网络化、协同化实现产业内部技术流动、产业链良性互动、提升社会服务、实现网络效应叠加，发挥了技术扩散效应、效率提升效应、创新升级效应和网络协同效应，促进环保服务业数字化发展，如图5.4所示。

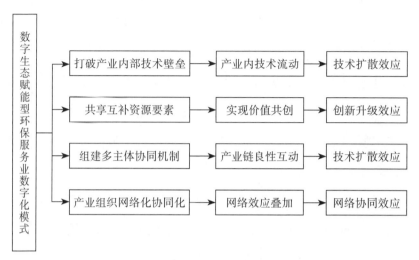

图 5.4 数字生态赋能型环保服务业数字化模式产业效应

一、技术扩散效应

数字生态赋能型环保服务业数字化模式通过打破产业内部技术壁垒实现产业内部的技术、知识流动，通过技术扩散效应实现环保产业链的数字化升级。以企业、科研机构、环保协会之间的合作机制为媒介，通过对数字技术的合作研发及对环保产业各环节的应用，打通环保企业内外部屏障，降低生产和交易成本，提高效率，促进环保服务业发展。企业、研发机构、高校、环保协会之间的合作机制使数字技术和知识在环保数字生态圈中流动，实现了技术溢出和知识溢出，为环保产业链上下游企业提供相关技术和知识。同时，龙头企业的企业组织模式和企业文化也被其他企业借鉴吸收，实现了数字技术应用同步和企业组织模式的匹配。环保产业链上下游企业的组织模式协同和数字化转型方向、战略一致能促使环保产业链各环节的同步，提高产业链协同效率，降低交易成本。

二、效率提升效应

数字生态赋能型环保服务业数字化模式通过共享互补资源要素，实现技术、知识等生产要素在环保产业间的流动，促进环保企业数字技术的研发、应用进程的加快，提高数字化转型进程，实现环保企业运行效率和管理效率的提升。商会、协会等主体的加入使得信息、资源等要素得到共享和互补，环保产业链上下游企业之间的协作配合程度不断加强。与外部技术助力型环保服务业数字化模式相比，数字生态赋能型环保服务业数字化模式不仅能提升环保企业内部各环节的运行效率，还能提高科研机构、高校的成果转化效率。对科研机构、高校来说，环保企业通过设立专项基金，实施技术、产品孵化项目，为科研机构、高校提供资金，加快项目落地和成果转化，并最终应用于环保企业，进一步促进其数字化转型进度，提高产业创新能力和社会服务能力。

三、创新升级效应

数字生态赋能型环保服务业数字化模式通过组建多主体协同机制，实现环保产业链的良性互动，实现创新模式的升级。外部技术助力型环保服务业数字化模式为二元创新主体，即环保企业和数字技术供应商。数字生态赋能型环保服务业数字化模式的创新主体则包括科研院所、高校、环保企业、中介组织等多元创新主体，使得数字技术的创新效率大大提高。环保龙头企业利用自身资源优势，整合内外部资源，形成政府、企业、数字技术供应商、研发机构、高校、中介组织等多创新主体协作机制。多主体的创新协作模式使得技术、知识通过环保数字生态圈向产业链上下游企业以及相关产业传递，实现环保服务业相关领域的共振效应，加速创新主体间资源要素整合以实现主体间的良性互动。

四、网络协同效应

　　数字生态赋能型环保服务业数字化模式通过产业组织的网络化和协同化，实现网络的效应叠加。相比于外部技术助力型环保服务业数字化模式，其网络空间更大、范围更广，合作创新的深度和广度更大，效率更高。数字技术在环保产业的应用使得产业组织的模式发生改变，网络化、协同化、生态化成为产业组织模式的新特征。新型组织模式在数字技术的赋能下能有效链接产业链上下游技术、数据、知识等生产要素，并在整个生产网络中产生协同效应。以企业、高校、科研院所为代表的创新主体通过网络化的产业组织将技术、知识在环保数字生态圈中传播扩散，促进环保服务业的数字化转型。

环保数字产业化模式篇

第六章　环保数字产业化模式分析

本章首先构建了环保数字产业化理论结构，其次分析环保数字产业化的内涵与特征、环保数字产业化模式形成的影响因素，对环保数字产业化模式进行分类，最后对环保数字产业化模式的实现机制和产业效应进行分析。

第一节　环保数字产业化模式研究的理论逻辑

环保数字产业化模式的理论结构主要由环保数字产业化模式研究问题框架和理论框架两部分构成。如图 6.1 所示，以解决环保数字产业化模式的四大问题为切入点，以问题为导向，构建环保数字产业化模式研究的理论结构。

在对环保数字产业化模式的研究中，首要问题是环保数字产业化模式如何形成的，即影响环保数字产业化模式形成的因素有哪些？在环保数字产业化模式形成的前提下，面临第二大问题：环保数字产业化模式有哪些？即环保数字产业化模式的类型有哪些？在厘清模式类型的基础上，要解决第三大问题：不同类型模式实现环保数字产业化的机制是什么？最后，通过实现机制的分析，解决环保数字产业化模

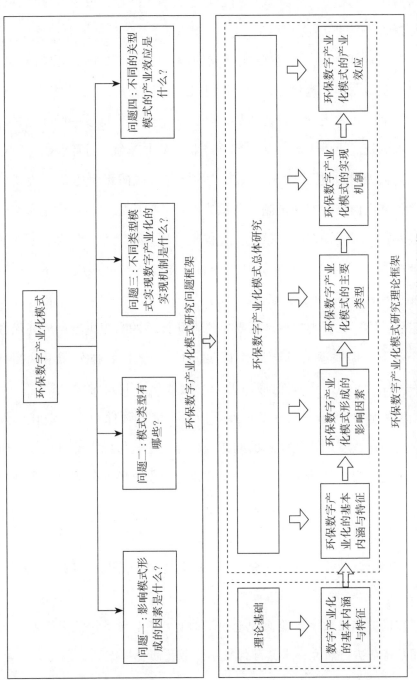

图 6.1 环保数字产业化模式研究的理论逻辑

式的第四大问题——产业效应问题。上述四大问题构成了环保数字产业化模式研究的问题框架。

针对环保数字产业化模式研究的四大问题，以问题为导向，以解决问题为原则，构建环保数字产业化模式研究的理论框架部分。首先，数字产业化理论是理论基础，环保数字产业化是数字产业化在环保领域的新成果。因此，基于数字产业化基本理论，对环保数字产业化的内涵及特征进行界定。其次，从模式形成的影响因素、模式的主要类型、模式的实现机制以及模式的产业效应四方面对问题框架的四大问题进行逐一解决。第一，整体把握环保数字产业化模式形成的影响因素，掌握模式形成的基本条件。第二，对已形成的环保数字产业化模式按照一定标准进行分类，为环保数字企业的发展找准发展定位。第三，分类探讨环保数字产业化模式的实现机制，为环保数字企业发展提供理论指导。第四，通过结合案例具体分析不同类型环保数字产业化的产业效应，助力环保数字产业及时发现问题，互相借鉴，解决问题，充分发挥产业效应，促进环保数字产业化的发展。由环保数字产业化模式的问题框架和理论框架两大部分构成了研究的理论逻辑，为环保数字产业模式研究提供重要的分析框架和理论指导。

第二节　环保数字产业化的内涵与特征

在借鉴前文数字产业化理论的基础上，本节对环保数字产业化的内涵及特征进行研究，丰富环保数字产业化研究框架。

一、环保数字产业化的内涵

环保数字产业化是产业化在环保数字领域的新体现，是产业化在数字经济时代具备的新的时代内涵，将环保问题转向如何提升环保数字信息要素的运用水平、培育新的市场运作模式，形成环保数字资源合力，进而推动环保数字产业的形成。环保数字产业化是指掌握环保方面数据的数字公司，运用数字技术手段，将环保数据、环保方案产品交易给其他个人、企业、政府、社会组织，或者公司自身发展环保产业以此实现盈利，并推动环保数字产业的形成和发展的过程。环保数字产业化的发展拓展了经济利润来源，为经济发展带来新的增长点。环保数字产业化发展是一个分工化、专业化的成长过程。在市场经济条件下，环保数字产业化是以环保行业的需求为导向，以实现环保数字的经济效益、社会效益为目标，以专业化服务和质量管理为依托，推动专业化和分工化的经营方式和组织形式形成的过程，如图6.2所示。

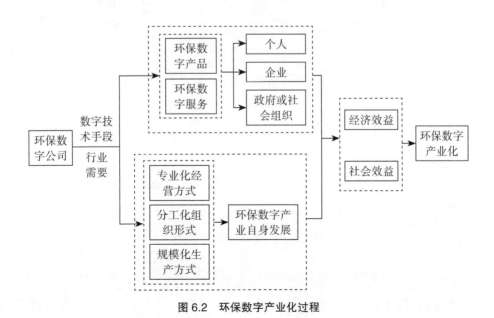

图6.2　环保数字产业化过程

二、环保数字产业化的特征

环保数字产业化可以促进环保数字技术的成熟、融通与应用，有利于畅通国民经济循环。环保数字产业化推动环保数字技术走向商业化应用，有助于实现生产过程的分工化、智能化，提高生产效率。环保数字产业化的发展推动网络平台交易广泛普及，有助于供需精准对接、精准匹配，能够有效降低交易费用、缩短交易时间、简化交易流程。环保数字产业化有助于推动资源合理配置和数据要素发展，缩小数字鸿沟，实现公共服务均等化；有助于释放环保数据要素价值，获取环保数据资源收益；有助于推动环保数字服务、环保数字产品不断出新，形成新的经济增长点。结合产业化的要点以及数字经济发展的大背景，本书将环保数字产业化的特征归纳为：产业分工网络化；产品生产定制化；交易平台专业化；产品应用广泛化。如图 6.3 所示。

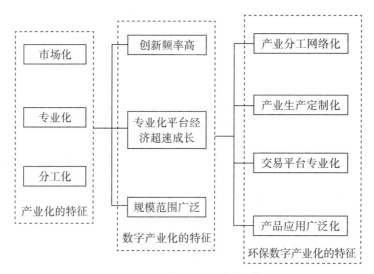

图 6.3　环保数字产业化的特征

一是产业分工网络化。在数字经济发展背景下，大数据、互联网等高新技术压缩了企业间的空间距离，扩大了环保数字产业分工规

模，提高了分工的发生频率。环保产业不断强化其经营环保数字信息
的能力，使环保数字企业更易于充分利用互联网，通过协议生产和协
议研发的方式，将非核心环节外包给超级工厂以及专业研发机构等第
三方机构。在整个环保数字产业链中，部分企业一方面利用互联网技
术将部分环节外包给第三方企业，丰富了环保数字产品和服务的种类；
另一方面，通过操作系统、数据处理平台以及解决方案等软硬件在不
同环保数字企业间的共享，促进环保数字企业获得规模经济效益，进
而降低研发投入以及通用设备等成本。

　　二是产品生产定制化。环保数字产业基于分工网络化的充分利用，
借助数字信息平台，一方面可以减少不必要的中间环节，简化产业价
值链，降低衔接终端企业和消费者的生产运营成本；另一方面使环保
数字产品更为贴近市场需求，能够与市场终端消费者开展便捷有效的
沟通，准确掌握用户需求变化动态，及时调整产能和产品库存，实现
环保数字产品的柔性生产和定制化生产。环保数字企业充分利用大数
据和人工智能分析技术，对环保数字产品市场波动态势和发展方向进
行科学预判，合理改进研发、生产、运营和销售策略，促进环保数字
产业化的发展。

　　三是交易平台专业化。专业化交易平台通过提升资源配置效率带
动环保数字产业高质量发展。平台将用户和产品服务供应商连接起来，
为用户和供应商提供信息交流和产品交易的空间，是一种典型的双边
市场。[①] 平台经济具有强大的数据采集、传输系统、算力和数据处理

---

① 秦铮、王钦：《分享经济演绎的三方协同机制：例证共享单车》，《改革》2017 年第 5 期。

算法支撑，[①] 平台经济通过信息流聚集助力环保数字产品实现供需匹配，是环保数字产业化的典型代表。专业化交易平台一方面有效缓解了供需双方的信息不对称性，降低了交易风险；另一方面通过为供求双方提供精准对接，实现了环保数字资源的合理配置，从而提升了资源配置效率，以效率变革促进环保数字产业化高质量发展。

四是产品应用广泛化。根据新摩尔定律互联网数据中心预测，2030 年全球数据总量将达到 2537ZB，是 2020 年的近 60 倍。在促进经济发展中，环保数字产业化的作用日益明显。首先，环保企业的运营过程中会产生大量有价值的环保数据，通过有效开发利用服务生产和消费，逐步实现产业化，扩大覆盖范围。其次，环保数字产业化是以数字技术为核心的，由于数字技术的通用性，因此能够广泛应用于环保数字产业的各个领域，生产出多样化产品。最后，环保数字技术服务会提升环保数据转化为关键生产要素的效率，优化环保数字产业的全要素生产率，满足多样化需求，促进需求者便捷获取环保方面的知识与信息。因此，环保数字产业化有助于加快数据化的环保知识和信息传递，加速释放创新的技术外溢效应。

第三节　环保数字产业化模式形成的影响因素

环保数字产业化模式的形成受一定因素的影响，不同的影响因素对模式形成的影响程度不同。本节在借鉴迈克尔·波特钻石模型的基础上，构建出环保数字产业化模式影响因素钻石模型，并将影响因素

---

① 谢富胜、吴越、王生升：《平台经济全球化的政治经济学分析》，《中国社会科学》2019年第 12 期。

分为内部影响因素和外部影响因素两大类进行深入分析。

一、借鉴钻石模型的影响因素的理论识别

市场经济条件下产业竞争优势是产业经济发展中的重要问题，产业竞争优势对产业的生存与发展起至关重要的作用，获得产业竞争优势是环保数字产业化模式形成的重要目的。迈克尔·波特的钻石模型是最具代表性的产业竞争优势理论，[①]在影响因素的研究中被作为重要的理论分析框架。为增强该理论框架的适用性，相关学者对钻石模型进行适当修改。比如韩国经济学家赵东成对钻石模型进行了修正，提出了九因素模型；我国金碚教授对钻石模型进行修正，提出了工业国际竞争力模型，又称为因果理论模型。因此，可以基于钻石模型，并结合环保数字产业化问题性质与特征，构建环保数字产业化模式影响因素钻石模型。

波特的"钻石模型"认为产业在国际上的竞争优势受到生产要素，需求条件，企业战略、结构与竞争，相关及支持性产业的表现这四个决定因素的影响以及政府、机会两个辅助因素的影响。基于前文对环保数字产业化特征的研究，借鉴波特"钻石模型"的理论分析框架以及相关学者的研究经验，构建出环保数字产业化模式形成因素钻石模型。共包括六个因素，其中生产要素、需求条件、企业和相关产业是决定因素，这四个因素之间具有双向作用，用实线表示；两个外部约束力量为政府和机会，与四个决定因素之间构成单向关系，用虚线表示，如图 6.4 所示。

---

① 迈克尔·波特：《国家竞争优势》，李明轩、邱如美译，华夏出版社 2002 年版，第 119 页。

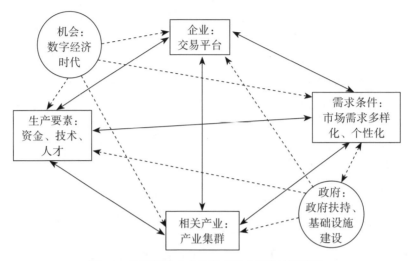

图 6.4 环保数字产业化模式影响因素钻石模型

将钻石模型下的环保数字产业化模式中的生产要素、需求条件、企业、相关产业、政府以及机会六大一级因素细化为若干个二级因素，将二级影响因素分为环保数字产业化模式形成的内部影响因素和外部影响因素两大类，如表 6.1 所示。

表 6.1 环保数字产业化模式形成影响因素一二级对应表

一级影响因素	二级影响因素
生产要素	资金、人才、技术
需求条件	市场需求多样化、市场需求个性化
企业	交易平台
相关产业	产业集群
政府	政府扶持、基础设施
机会	数字经济时代

二、环保数字产业化模式形成的内部影响因素

基于环保数字企业自身角度，根据钻石模型的一级要素，将二级

影响因素中的资金、人才、技术、交易平台划分为环保数字产业化模式形成的内部影响因素。通过内部因素的支撑，提升环保数字产业化模式的市场竞争力，促进环保数字产业化的发展，如图 6.5 所示。

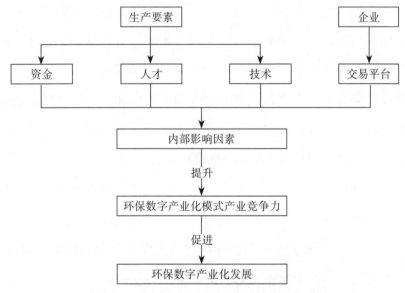

图 6.5　环保数字产业化模式形成的内部影响因素

（一）资金因素

资金是支持环保数字产业发展的最直接的推动力。环保数字产业作为高投入的创新型技术产业，需要庞大的资金支持。环保数字产业的产品研发、运行、销售等各个环节，一旦缺乏资金支撑，就会严重阻碍整个环保数字产业链条的运营，最终会影响环保数字产业化模式的形成。因此，强大的资金支撑为环保数字产业化模式的形成提供了基本保障。

（二）人才因素

基于环保数字产业化的产品分工网络化特征以及环保数字产业涵盖环保与数字产业两个领域的特征，环保数字产品的创作和制作需要高素质环保数字复合型人才。环保数字复合型人才是环保数字产业的主体，环保数字产业的发展离不开环保数字复合型人才的推动。不论是技术进步、市场推广还是公司管理，复合型人才都是发展环保数字产业的关键因素。环保数字复合型人才具备的环保产业知识、数字技术知识、行为规范以及实践经验等综合素质，对环保数字企业产品研发、模式创新起着提质增效的作用。此外，环保复合型人才还善于从多角度、多方面与多层次的视角去探索新生事物，可以敏感地把握事物运行的内在联系和规律，可以迅速地认识与把握事物间的关系，准确地将物联网、5G 数字技术与环保产业的发展点结合起来。随着我国环保数字产业的规模不断扩大，环保数字产业领域迅速扩张，环保数字产业化新模式不断涌现，能够培养出一批既具有扎实环保基础知识，又了解新型数字技术和新媒体传播手段等一专多能型复合人才，是促进环保数字产业化模式形成的重要抓手。

（三）技术因素

环保数字产业化决定了数字技术在环保数字产业化模式形成中的重要地位。环保数字产业化的产品生产定制化以及交易平台专业化都离不开技术因素的支撑。技术是环保数字产品的实现手段和途径，是环保数字企业得以生存和发展的基础，在整个环保数字行业的进步中起着举足轻重的作用，环保数字产业化模式形成的每一个环节都与技术的应用密不可分。环保数字技术有助于优化环保产业组织。传统产业组织方式是链条式的，遵循"标准化产品 + 集中式生产"的模式进行流水线式的生产。但环保数字技术和数字化手段既催生了平台经济体这种位于生态链塔尖位置的平台企业，又通过技术创新、模式创新聚集带动了众多中小企业发展，使得环保产业的组织方式和企业的成长路径发生了质的变化。生产方式逐渐由"大规模标准化生产"向"个性化定制+分布式生产"转变，产业组织方式也相应变为更为先进的网络协作式。由此，推动环保数字产业化模式的创新。

（四）交易平台因素

环保数字产业化的交易平台专业化特征决定了交易平台对环保数字产业化模式形成的重要作用。平台作为重要的经济体为环保数字产业化模式的形成提供良好创新载体。首先，规范、标准、专业的交易平台不仅为环保数字产品的销售拓宽渠道，也为产品供需对接提供良好的交易保障，促进新模式的形成。其次，交易平台的设计能力直接影响环保数字信息的呈现效果。平台设计能力越高，呈现效果越好，会促进企业采用交易平台经营方式，进而推动模式的形成。最后，交易平台的知名度会直接影响交易主体的参与程度。平台的品牌知名度越高，对企业吸引力越强，企业参与者越多，由此推动以平台为核心的环保数字产业化模式的形成。因此，交易平台因素是制约环保数字产业化模式的重要因素。

三、环保数字产业化模式形成的外部影响因素

基于环保数字企业外部环境以及政府角度，根据钻石模式中的一级要素，将二级影响因素中的市场需求多样化、市场需求个性化、产业集群、政府扶持、基础设施、数字经济时代因素划分为影响环保数字产业化模式形成的外部因素。通过外部影响因素的支撑作用，提升环保数字产业化模式的市场竞争力，促进环保数字产业化的发展，如图 6.6 所示。

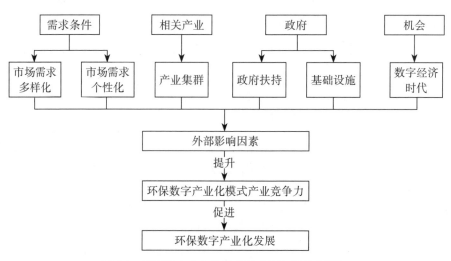

图 6.6　环保数字产业化模式形成的外部影响因素

（一）需求条件因素

针对环保数字产业化的特征分析，基于波特的钻石模型，形成环保数字产业化模式的需求条件主要是指环保数字产品市场需求，包括需求多样化和需求个性化两方面。一方面，需求多样化促进环保数字产业化模式创新。数字技术迅速发展，5G 新基建与环保数字产业的融合应用将成为新的消费热点，给消费者带来全新的信息消费体验，激发新的消费需求，创造新的经济增长点。另一方面，需求个性化促进环保数字产业化模式转型。当前数字经济快速发展，市场经济生机勃勃，客户需求不再仅仅满足于多样化，部分客户需求向个性化方向转变，对环保数字产品以及服务需要更多考虑单个客户的需求，提供"一对一"式服务，通过实施将消费者需求传递给生产侧，进一步细化了企业内部分工协作。同时，劳动分工是提高劳动生产率的一个重要原因，需求个性化因素带动环保数字产业化模式为客户量身打造个性化产品，推出精品服务，大幅提升全要素的经济效率，促进环保数字产业化模式向提供个性化产品服务转型。

（二）企业因素

影响环保数字产业化模式形成的企业因素主要指产业集群因素。环保数字相关产业集聚成产业集群为环保数字产业化模式形成提供良好环境。不少产业在发展中建立起相关产业集群以及产业园区等，对核心产业的发展起到降本增效的作用。以我国环保产业的发展为例，江苏宜兴环保产业集群为环保产业的发展提供了重要的环境支撑。通常有竞争力的产业在分布上是不均衡的，迈克尔·波特的钻石体系在推动产业竞争优势向集群式发展中起重要作用，由此形成的产业集群的整体竞争力大于各个部分的加总。环保数字产业集群的发展，能够扩大环保数字生产规模，将环保数字相关产业整合，促进相关产业直接协同合作、分享信息以及技术，以及在硬件设施和软件设施等各个方面的协同融合，降低环保数字产品的生产成本，获得规模经济效益以及技术溢出效益，促进形成环保数字相关产业的集群竞争力，为环保数字产业化模式的形成提供行业环境保障。

（三）政府因素

环保数字产业涉及环保产业方面，环保产业具有政府政策驱动型特征，因此政府因素是形成环保数字产业化模式不可替代的影响因素。政府在环保数字产业发展中可以形成产业发展的动力。环保数字产业化的发展是一个动态的过程，尤其是作为一项新兴产业，政府作用非常重要。政府因素影响环保数字产业化模式的形成主要表现在政府扶持和基础设施建设两方面。政府扶持对环保数字产业化模式形成的重要影响主要表现在产业政策和政府补贴两方面。在产业政策方面，政府通过对原有的政策进行及时补充、调整，对环保数字产业加大监管力度，规范模式运行主体行为，防止恶性竞争，以保证其健康发展。在政府补贴方面，政府补贴鼓励环保数字产业化模式多样化，如研发补贴鼓励环保数字企业技术创新，从而促进环保数字产业产品创新，进而推动环保数字产业化模式创新。熊和平等的研究发现：在企业发展初期，政府研发补助对企业研发投入有显著的促进作用。[1] 基于环保数字产业化模式的发展现阶段，政府补贴扶持在现阶段对环保数字产业化模式形成的促进作用效果显著。因此，政府因素对形成环保数字产业化模式影响显著。另一方面，基础设施作为影响环保数字产业化模式形成的重要外部因素，主要体现在目前推进的"新基建"对环保数字产业化模式的形成有重要影响。基于环保数字产业化产品生产定制化以及产品应用广泛化的特征，环保数字产业化模式的形成对数字信息获取的依赖程度进一步提高。5G 数字新基建解决了数据的连接、交互和处理，为环保数字产业化模式的形成拓宽了数据获取渠道，作为环保数字产业化的基础设施，推动形成新的产业化模式、新的产品服务。据中国信通院预计，2020 年至 2025 年 5G 商用将直接带动约 8.2 万亿元的信息消费。此外，新基建能带动行业投资，为模式运行扩大了资金保障。钱立华、方琦、鲁政委在研究中表明绿色"新基建"在关键行业投资和产业链上下游投资中起重要带动作用。[2] 因此，基础设施建设为环保数字产业化模式的数据来源提供保障，满足行业发展需求，也

---

[1]　熊和平、杨伊君、周靓：《政府补助对不同生命周期企业 R&D 的影响》，《科学学与科学技术管理》2016 年第 9 期。

[2]　钱立华、方琦、鲁政委：《刺激政策中的绿色经济与数字经济协同性研究》，《西南金融》2020 年第 12 期。

进一步带动投资，为模式的运行提供驱动引擎，是环保数字产业化模式形成不可或缺的要素。

（四）机会因素

环保数字产业化模式形成的机会因素主要表现为数字经济时代发展对环保数字产业化模式形成的激励作用。随着数字经济的不断进步，环保数字产业化模式形成所需要的数字技术更新速度也在加快。目前环保数字产业化正处于数字经济发展革新浪潮中。数字技术的出现为我国环保数字产业化模式的形成提供了难得的机会。数字信息传播渠道多元化，网络、手机、平板电脑等新媒体通过互联网、物联网等技术都会成为环保数字产业化新的传播平台。数字信息技术变革催生我国环保数字产业化模式新形态。无论是环保数字信息软件，还是环保数据信息交易平台、环保数字信息解决方案都面临巨大的市场需求。环保数字产业化模式的形成将为我国环保数字产业发展提供积极的实践指导。数字经济不仅为环保数字产业化模式的形成提供了技术支撑，也提供了经济和社会基础，环保数字产业化的发展应当结合自己的优势，基于数字经济时代背景和产业发展状况，走出自己的模式。

第四节　环保数字产业化模式的主要类型

一、环保数字产业化模式类型的识别

环保数字技术不直接表现为经济价值，环保数字产品不与特定市场结合也无法实现价值升值；只有将环保数字技术、环保数字产品与环保数字产业发展需求和企业运营服务相结合，基于企业自身优势与外部条件，形成各具特色的环保数字产业化模式，才能创造出更大经

济价值。由此，对环保数字产业化模式的进行分类，既是理论研究的深化，也是环壮大保数字企业、发展环保数字产业的重要参考。在对环保数字产业化模式的分类过程中，可以借鉴相关学者的分类角度。例如杨大鹏采用案例分析，以浙江省数字产业发展的经验和成效为依据，从中提炼总结出三种模式。[①] 因此，本书通过总结提炼环保数字产业相关企业案例，根据环保数字产业与市场需求相匹配切入口不同、形成的环保数字化产品种类的不同以及模式的服务内容差异，将环保数字产业化模式分为数据更新型、平台交易型和方案应用型三种模式，如表 6.2 所示。

表 6.2　环保数字产业化模式分类

模式类型 分类依据	数据更新型	平台交易型	方案应用型
切入口	环保数据	平台建设	解决方案
服务内容	信息服务	交易服务	方案服务
模式特征	聚合全方位市场情报 实时更新环保行业数据	平台保障交易运行 精准对接供求双方	提供定制化解决方案 提供科学环保决策
模式优势	降低搜寻成本 打破信息壁垒	实时把握动态 全面检测监管	满足个性化需求 提升办公效能
主要产品	数据查询软件	线上交易平台	个性化解决方案

二、数据更新型环保数字产业化模式

数据更新型环保数字产业化模式，以环保数据为切入口，提供环保数据信息服务，包含通过手机客户端与电脑客户端为客户提供适时

---

① 杨大鹏：《数字产业化的模式与路径研究：以浙江为例》，《中共杭州市委党校学报》2019 年第 5 期。

查看各地区污染物分布情况和当前地区天气及空气质量情况等环保数据服务。该模式充分依托大数据、云计算以及人工智能等数字信息技术，顺应互联网和物联网的发展潮流，充分抓住数字经济发展机遇，利用环保产业积淀和数字技术手段帮助环保企业适时更新环保行业数据。同时，整合互联网、金融、科技以及营销等多维度优质资源，依托大数据深入分析挖掘，聚合多方位市场信息，提供一站式数据产品服务。

数据更新型环保数字产业化模式通过互联网大数据分析技术，能够有效聚合全方位市场情报，降低客户搜寻信息的成本，打破环保信息壁垒，为小微环保企业提供了更广阔的交易空间；通过大数据技术，环保数据软件可以适时更新环保行业数据，为客户精准匹配最新环保数据。随着客户浏览量、使用量的提高，环保数据软件的价值越能得到发挥，数据更新型环保数字产业化模式的受众群体范围越广。

三、平台交易型环保数字产业化模式

平台交易型环保数字产业化模式以平台为交易媒介，连接市场供需双方，促进交易的完成。对于依托环保数字平台完成交易的企业来说，平台能打破时间和空间的限制，在交易中起关键性作用，通过大数据云计算等手段为供需方提供精准对接服务，提升交易效率。平台交易离不开线下实体的支持，实体企业的入驻为平台提供多种供货渠道，线下运作是企业完成线上交易的基础前提。

相较于传统环保产业的单边市场思路，平台交易型环保数字产业化模式基于双边以及多边市场思路，以交易平台为媒介，连接双方交

易主体，为双边市场提供产品服务。同时，双边市场结构中用户间能产生明显的交叉网络外部性。顺应平台交易型环保数字产业化模式的双边市场思路，平台汇集供应商和终端用户等多方资源，依托平台运营操作技术以及 5G 数字技术手段，收集终端需求方的数据信息，为供应端提供需求分析，为用户端提供产品决策服务，在满足双方需求的同时实现三方价值共创。

在传统环保市场中，由于时间和空间限制，导致产品服务的供应方和需求方之间产生信息不对称；由于传统环保市场交易中存在产业标准缺失、监管不严等问题，导致交易过程存在信用保障缺失等问题。而平台交易型环保数字产业化模式不仅能打破时间和空间的限制，畅通信息交流，同时也能为平台交易提供有效的信用保障。一是充分依托互联网平台交易，实现信息适时更新，有效降低了供需双方间的信息不对称；此外，平台作为交易的媒介对交易的相关数据进行整合分析，为供需双方再次交易提供决策依据，也进一步推动平台提升运作水平和服务质量。二是通过对入驻企业进行平台认证及准入筛选，保障入驻企业的资质和诚信度等方面，在一定程度上保障了平台交易的质量，推动交易的顺利进行。

四、方案应用型环保数字产业化模式

方案应用型环保数字产业化模式包括各类环保数据解决方案服务，服务内容涉及 PM2.5 云检测系统前端方案、PM2.5 云检测系统后端方案、"智慧环保云"解决方案、环境监测系统方案等。在各个方案中还包括了环保数字行业供需对接交流会、行业高峰论坛、环保新闻资讯、环保行业趋势分析、环保项目信息服务、优秀案例解读、品牌策划推广等方面。

方案应用型数字产业化模式首先通过汇集水、气、声、土壤、固体废物、污染源、放射源、生态、应急、环境评价、执法等全面数据，打破"数据孤岛"，建立起数据共享机制。其次，环保大数据解决方案融合大气、气象实况监测与预报产品等多元化数据，为需求方提供多层次综合数据分析服务，提高数据分析的科学性，为需求方的宏观环保战略决策提供支持。最后，通过构建环境资源数据协同共享战略体系，实现跨部门、跨区域的互联互通，共同推动环保数字产业化发展。

第五节　环保数字产业化模式的实现机制

基于三种环保数字产业化模式各自的模式特征提出三种对应的模式实现机制：数据服务反馈机制、平台交易服务机制、方案设计共享机制，如图 6.7 所示。

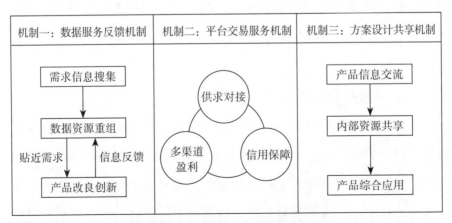

图 6.7　环保数字产业化模式实现机制

一、数据服务反馈机制

数据服务反馈机制是数据更新型环保数字产业化模式的特色实现机制。该机制按照"需求信息搜集—数据资源重组—产品改良创新"的流程运行，包括需求信息搜集、数据资源重组和产品改良创新三个步骤。第一步，需求信息搜集。采用数据更新型环保数字产业化模式的环保数字公司，在数据供给方面不断挖掘环保细分领域，比如：大气治理、水处理、固废处理、环境修复、环境监测、节能等领域的数据资源，在数据需求方面通过开展高端访谈、在线研讨会、问卷调查、沙互等活动，及时搜寻客户意向信息。第二步，数据资源重组。主要体现为将搜集的需求信息与企业数据进行整合，通过企业内部数据分析，将资源重组匹配，从而满足目标群体的数据需求。第三步，产品改良创新。产品改良创新主要通过以下两种路径实现：路径一：企业自身数字技术不断优化，技术水平不断提升，促进软件 APP 不断更新换代；路径二：同时通过开设"联系我们"等专栏或者开设"软件推广交流群"与客户精准对接，接收用户适时反馈，促进产品改良创新。在产品改良创新环节对客户反馈信息进行搜集汇总，反馈到数据资源重组阶段，促进产品改良创新，更贴近客户需求。

二、平台交易服务机制

平台交易服务机制是平台交易型环保数字产业化模式的特色实现机制，包括供求对接、多渠道盈利和信用保障三个方面。第一，供求对接。平台交易型环保数字产业化模式通过平台为环保供应商与需求商提供连接渠道，匹配交易。供应商通过平台注册成为会员后，可以将商品或服务发布在平台上；需求商通过在平台商城内对商品进行搜索，通过对检索数据的分析以及对比商家信用，实现供需双方的精准匹配，帮助供需双方达成最优合作。第二，多渠道盈利。平台交易型模式主要通过以下几种渠道盈利：首先，通过向平台商家收取佣金和产品销售提成作为平台交易型模式的主要收入来源；其次，通过环保数字产品的广告等增值服务获得盈利补充；最后，通过为平台交易提供金融服务获得盈利。第三，信用保障。首先，平台交易型环保数字产业化模式为减少供需信息不对称等问题，建立起信用系统，为平台交易双方提供信息整合以及业务推广等服务。其次，平台通过与银行、基金、保理等众多金融机构合作，为平台交易的顺利进行提供金融服务与信用保障。

三、方案设计共享机制

方案服务实现机制是方案应用型环保数字产业化模式的特色实现机制，主要核心是为需求方提供个性化环保问题解决方案，在此过程中采用方案应用型环保数字产业化模式的环保数字企业按照"产品信息交流—内部资源共享—产品综合应用"的流程运行。该实现机制包括产品信息交流、内部资源共享以及产品综合运用三个步骤。第一步，产品信息交流。主要表现在方案的供需双方的信息交流上，供给方首先具备环保各个细分领域的解决方案，根据需求方的需求领域提供方案；需求方可以表达自己的个性化需求；方案供给企业根据客户的个性化需求在原始方案中进行改动，完成产品信息的交流沟通。第二步，内部资源共享。该步骤主要是针对方案供给的环保数据企业，在了解客户偏好的前提下，为满足客户需要，企业内部各部门进行资源共享，整合多部门数据，完善共享机制，实现产品个性化输出。第三步，产品综合应用。产品的综合应用是为了进一步保障客户需求，实时监测方案应用效果，保障方案应用的效率；此外将产品综合应用，为客户提供污染溯源分析服务，实现源头治理，同时也增加客户对方案产品的满意度，有助于方案应用型环保数字产业化模式的实现。

第六节　环保数字产业化模式的产业效应

环保数字产业化模式包括三种产业效应，分别是技术溢出效应、聚合经济效应以及服务优化效应。技术溢出效应通过加快数字技术向传统环保产业扩散，促进环保数字产品的研发，推动环保数字产业的发展；聚合经济效应通过催生出平台经济体，促进多元经营主体聚集，进一步优化了资源配置，推动环保数字产业的发展；服务优化效应通过满足客户个性化需求，激发市场活力，激励环保数字企业自身服务进一步优化，推动环保数字产业的发展。三种产业效应从不同角度发挥了环保数字产业化模式的积极作用，同时也在一定程度上促进了环保数字产业的发展。如图6.8所示。

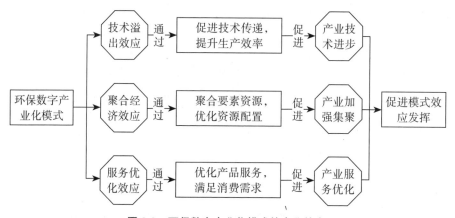

图 6.8　环保数字产业化模式的产业效应

一、技术溢出效应

技术溢出效应主要是指技术从技术高水平企业向技术低水平企业传递，提升企业的技术水平从而改善生产效率，促进产业发展。通过技术溢出，高技术产业能够驱动中低技术产业增长。[①] 从社会整体发展来看，技术溢出作为研发创新活动所产生的一种正外部性效应，有利于社会技术进步。[②] 数字技术由于具有促进连通性、提高匹配性、累积增值性、外部经济性等特征，在促进产业发展方面能够发挥重要作用。因此，环保数字产业化模式的数字技术"势能"将会使环保数字产业的知识、技术、经营管理经验等向技术水平较低的传统环保产业扩散。传统环保产业可以借助环保数字产业化模式的技术外溢，比如采用更加先进的数字技术进行产品研发以及新材料、新能源的使用等，加速数字技术储备，实现产业技术进步。

二、聚合经济效应

聚合经济效应是指多元化经营主体以特定的资源空间与合作网络为聚合基础，通过对信息、技术、人才、知识以及资本等要素资源进行共享，实现要素和产业聚合，极大地优化了不同生产经营要素的配置效率，并形成了协作紧密的企业集群和产业集聚，从而进一步促进技术扩散和知识外溢，带来行业外部经济性。环保数字产业化模式将环保数字产业经营主体各自持有的环保资源、数据资源、技术资源、

---

① 王伟光、马胜利、姜博：《高技术产业创新驱动中低技术产业增长的影响因素研究》，《中国工业经济》2015 年第 3 期。
② 张晨、田鑫：《高技术产业对传统工业的技术溢出效应研究》，《宏观经济研究》2021 年第 5 期。

品牌、资金以及设施等生产经营要素聚合在一起，将原本生产过程中不具备自由配置条件的要素重新进行经营整合，实现经营要素的优化配置，打破单一要素经营产生的低水平均衡，进一步提高环保数字产业的生产力。数字技术和数字手段催生了平台交易型环保数字产业化模式，使产业组织方式从传统链条式的，遵循"标准化产品＋集中式生产"的模式转变为先进的网络协作式；同时，通过平台交易型环保数字产业化模式，吸引众多环保数字相关企业和众多环保产品经营主体在平台内集聚经营，形成环保数字产业集聚，在环保数字产业集群内部发挥"1+1>2"的高效聚合经济效应。

三、服务优化效应

服务优化效应是指通过对服务的升级优化满足多层次用户需求，提升满意度的模式效应。具体是指企业在产品研发的信息搜集、研发、运营等阶段，充分吸纳客户意见，根据客户目标需求，形成最优实现机制，可满足客户多层次个性化需求，提高客户对方案的整体满意度。在环保数字产业化模式的运行过程中，数字技术通过优化产业组织，使产业的组织方式和企业的成长路径发生质的变化，生产方式逐渐由"大规模标准化生产"向"个性化定制＋分布式生产"转变，因此产业的发展逐渐从满足客户需求多样化向满足客户需求个性化发展。在满足个性化需求的同时，环保产业化模式还能进一步激发客户的消费潜力，从而进一步激发市场活力，激励带动环保数字企业自身服务进一步优化，推动环保数字产业化的发展。

第七章 数据更新型环保数字产业化

数据更新型环保数字产业化模式是重要的环保数字产业化模式之一。本章首先以环保数字产业化理论为理论基础，对影响数据更新型环保数字产业化模式形成的因素进行分析；其次对模式的实现机制、产业效应进行研究。

第一节 数据更新型环保数字产业化模式形成的影响因素

基于钻石模型的分析框架，波特教授期望通过这个模型能够解答：为什么某些国家的企业，在某些领域或者产业获得了国家层面的成功，并且获得持久的国家竞争力；不同的企业和政府应如何选择更好的竞争策略，如何更合理地利用和配置自然资源。由此，本节针对数据更新型环保数字产业化模式，研究该模式具备竞争优势的影响因素，通过强弱影响因素分析，针对优势因素继续发挥其支撑作用，针对弱势影响因素充分完善，更合理地对现有资源优势进行配置。由于钻石模型的分析框架中涉及的影响因素种类较多，所以在对钻石模型分析框架进行改良基础上，将其划分为内部和外部两大方面，按照两大方面六个角度多个层次框架进行分析，如图7.1所示，其中实线表示该因素对模式的形成影响力强，虚线表示该因素对模式的形成影响力弱。

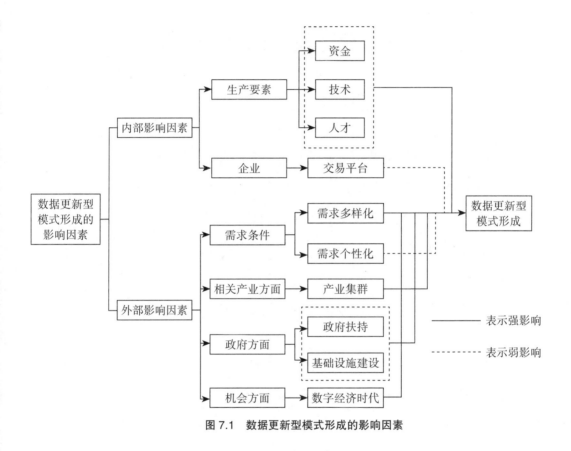

图 7.1　数据更新型模式形成的影响因素

　　在数字化浪潮中，环保企业正面临颠覆性的竞争环境变革。如：联通利用 5G+ 工业互联网技术，在环境监控管理、环保数据治理、固定污染源监管、环保设备管理四大方面推出解决方案，帮助环保企业快速运用先进技术，实现转型升级。数字技术产业和传统环保服务业的跨界融合，使得产业边界模糊，打破了以往行业间竞争的竞争格局，使得环保产业的竞争更为激烈。环保企业为适应新的竞争模式，都以数字环保、智慧环保为发展方向，因此，竞争模式变革拉动了环保数字产业化模式的形成。

一、内部影响因素

根据环保数字产业化模式形成的内外部影响因素分类，对影响数据更新型环保数字产业化模式的内部因素主要从生产要素和企业两大方面进行分析。

（一）生产要素方面

生产要素作为影响模式形成不可或缺的强影响因素主要体现在资金、技术以及人才方面。首先，资金方面。资金支持是模式形成的重要保障。从环保产业大方面来说，当前我国环保产业发展面临最大的制约因素是资金投入不足，[①]因而资金在数据更新型环保数字产业化模式的形成过程中起至关重要的作用，数据获取、更新、产品呈现等流程离不开资金的支持。其次，技术方面。数字技术在环保产业中的广泛应用催化出了许多环保数字企业，也为数据更新型环保数字产业化模式的形成提供了核心支撑。通过技术为传统环保企业赋能，促进环保数据信息充分挖掘，实现以数据驱动运营，以数据反馈整合市场信息推动产品更新。最后，人才方面。生产要素也是影响数据更新型环保数字产业化模式形成的强影响因素。

（二）企业方面

数据更新型环保数字产业化模式充分利用软件平台为客户提供数

---

① 郭朝先、刘艳红、杨晓琰等：《中国环保产业投融资问题与机制创新》，《中国人口·资源与环境》2015 年第 8 期。

据服务，该模式将环保数据服务体系中涉及的生产、供应、质量检验环节进行有效衔接，开发出以环保数据为中心的环保数据服务软件，并且由专业人员管理完善和提升信息服务功能，采集信息，并对数据信息进行处理、存储，进而建立起数据更新型环保数字产业化模式的信息反馈机制，保障环保数据供应的高效性。但在软件平台的实际运行中，平台的交易作用不明显，有的软件平台仅连接一家供应企业，作为交易中介的交易作用相对较弱。因此交易平台因素在本模式的形成中影响较弱，该模式的企业交易平台方面有待开发。

二、外部影响因素

影响数据更新型环保数字产业化模式形成的外部因素主要包括需求条件、相关产业、政府以及机会四个方面；基于二级因素分类，对四个方面进行多个角度分析，以厘清各因素对数据更新型环保数字产业化模式形成的重要影响。

（一）需求条件方面

需求条件方面包括需求多样化和需求个性化两方面。数字经济时代，消费者的个人可支配收入较高，不仅能满足生理需求，也增加了对高层次需求的购买意愿。用户需求的特征与传统时期显然差别巨大，用户需求不再是供给决定需求，用户不再是简单地满足于拥有，而是注重产品的功能、款式以及版本等多个方面，由此引起的消费需求逐渐向多样化发展。不同于传统的保守型消费观念，数字经济的快速发展，消费者在消费理念上偏于积极，行为更愿意接受新生事物，需求更倾向于个性化。基于数据更新型环保数字产业化模式的服务形式来看，该模式通过收集整合大量客户反馈信息，丰富数据展示端口，提升数据质量，实现产品的改良以及多元化。该模式以满足用户数据需求为核心，以接受用户信息反馈为驱动力，满足批量用户的使用需求。依据该模式的客户群体定位以及模式发展的初期阶段特征，个人的偏好对该模式的形成作用较弱，个性化产品需求难以有效满足，因此需求条件方面的需求多样化因素是影响该模式形成的强影响因素，而需求个性化因素在该模式的形成阶段作用较弱。

（二）相关产业方面

相关产业因素中产业集群的发展对环保产业化模式的形成起强大的推动作用。产业集群是指企业为改变自身生存环境形成的区域"结盟"，在集群内部企业之间通过网络化结构相互关联，便于企业间交易的顺利开展，降低了交易成本。[①]西方经济学认为以技术进步为主体的生产要素集中程度越高，其规模效应越大。因此产业集群的规模效应有助于该模式降低数据更新成本，提升模式收益，获得规模效益，对数据更新型环保数字产业化模式的形成起重要的支撑作用。

（三）政府方面

政府方面因素主要集中在政府扶持和基础设施建设两个方面。首先，在政府扶持方面。环保产业作为21世纪"朝阳产业"，保持了高增长的发展势头。但是，由于环保产品属于准"公共物品"，具有较强"正外部性"，因此在纯粹市场条件下其供应往往不足，离不开政府政策支持。其次，在基础设施方面，在2020年工业和信息化部发布的《关于推动工业互联网加快发展的通知》中将"加快新型基础设施

---

① 王洁：《产业集聚理论与应用的研究》，博士论文，同济大学经济与管理学院，2007年，第9页。

建设"放在首要位置。新基建涵盖的5G网络、人工智能、云数据中心、物联网等领域建设为环保数字产业化模式形成提供基础条件和基本保障。因此，政府支持对数据更新型环保数字产业化模式的形成至关重要。

（四）机会方面

机会因素是产业化发展的关键，数字经济时代不仅为环保数字产业化发展提供了新机遇，也为数据更新型环保数字产业化模式的形成提供了新动能。随着数字经济的不断发展，环保数字产业的技术更新速度也在加快。目前环保数字产业正处于数字技术发展革新浪潮中，数字技术的出现为我国环保数字产业化模式的形成提供了难得的机会。互联网、物联网、5G、云计算、人工智能、AI等高新技术为环保数据的挖掘提供了多种手段，为数据更新型环保数字产业化模式建设提供了技术支撑。数字经济时代，大气治理、水处理、固废处理、环境修复、环境监测、节能等领域的环保数据面临巨大的市场需求，由此数据更新型环保数字产业化模式应运而生。环保数据软件、网页等将会成为我国环保数字产业发展的新趋势。因此，机会因素是影响数据更新型环保数字产业化模式形成的强影响因素。

第二节　数据更新型环保数字产业化模式的实现机制

数据更新型环保数字产业化模式首先对产品及用户两方面信息进行搜集，通过信息资源的结构化、重组、利用过程，实现环保数字资源的重组过程。其次，对环保数据产品进行更新换代、增加产品种类，提升环保数字企业的创新能力，形成"需求信息搜集—数据资源重组—产品改良创新”的数据服务实现机制。最后，数据更新型环保数字产业化模式设立用户信息反馈机制，通过该反馈机制将用户最新市场需求及时反馈至数据资源重组过程，打造数据输出循环，见图 7.2。

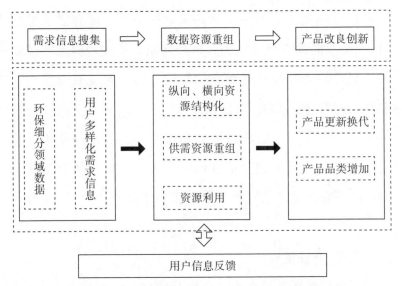

图 7.2　数据更新型环保数字产业化模式实现机制

一、需求信息搜集

数据更新型环保数字产业化模式通过需求信息搜集能有效降低不完全信息引起的无效供给，满足用户的多样化需求。在信息不完全的情况下，市场经济本身不能够生产出足够的信息并有效地配置，用户往往对高效的新要素需求不足。[①] 首先，数据更新型环保数字产业化模式通过用户反馈机制为信息获取拓宽渠道，通过线上建立用

---

① 童年成：《论市场经济的相对过剩运行特性》，《中国流通经济》2012 年第 12 期。

户建议反馈端口或者线下研讨等途径，收集用户反馈信息，将反馈的信息重新应用于该环节，助力环保数据供应企业不断地丰富着已有的技术生态，促进产品更新换代，不断满足用户多样化需求。其次，在搜集需求方信息的同时，环保数据供应企业也不断扩充环保细分领域的数据信息，为满足用户的多样化信息需求打好基础。通过对需求信息的搜集，有利于对尚未可知的潜在顾客需求进行"激活"，扩大企业的经营覆盖范围，推动数据更新型环保数字产业化模式发展。最后，产品改良创新点的发现也源于对现有产品和服务在使用和评价过程中的用户信息反馈，在环保数字企业内部数字技术优势的撬动下，企业团队能够更容易将用户的需求商业化，形成新的经济增长点。降低不完全信息形成的无效供给，从而使该模式生产出的产品符合消费者需要。

二、数据资源重组

数据资源重组环节是按照"资源结构化—资源重组—资源利用"的过程实现的。首先，纵向横向资源结构化过程分为数据分析前资源结构化和数据分析后资源结构化。数据分析前资源结构化主要体现在数据来源的沟通过程，即与环保数字供应企业合作的数据来源企业进行双向沟通。数据分析后资源结构化主要体现在，数据汇集后环保数字供应企业内部对其进行一对一的资源对接，将原有的数字资源和环保数字供应企业内部各个分支部门进行一对一对接，将水、空气、污染物等部门整合进环保数字供应企业部门。这样的一种"归拢制"和"对接制"保证了环保数字供应企业中的资源有序结构化。其次，在资源重组方面，主要体现在将环保数据供应企业与用户反馈整合进环保数据供应企业的组织结构中。在数据供应中，用户对哪一模块更感兴趣，点击量就越高，该模块的价值就越大，由此可以促进环保数据企业的模块更替。最后，在资源利用方面，数据更新型环保数字企业将目光瞄准前瞻性技术和发展领域，不断通过整合资源开拓自己的市场。

三、产品改良创新

对于数据更新型环保数据供应企业的产品改良创新主要是通过两种途径实现。第一种途径，环保数据供应企业充分利用本企业从网页、市场调研以及调查问卷等途径搜集的信息，依靠 5G、物联网等数字技术，合力打造新型数据产品；第二种途径，环保数据供应企业通过设置用户反馈机制接收用户产品使用反馈，将汇总的反馈信息作用于模式运行的数据资源重组环节，通过对信息的重新筛选整合，对原有产品进行改良更新换代，或者对原有产品进行调整创新，丰富原有产品种类，满足用户多样化需求。

第三节　数据更新型环保数字产业化模式的产业效应

数据更新型环保数字产业化模式通过扩散数字技术，加快研发新产品，促进环保产业的持续发展，发挥了数据更新型环保数字产业化模式的技术溢出效应，从而促进环保数字产业降本增效，推动环保数字产业化的进程。如图 7.3 所示。

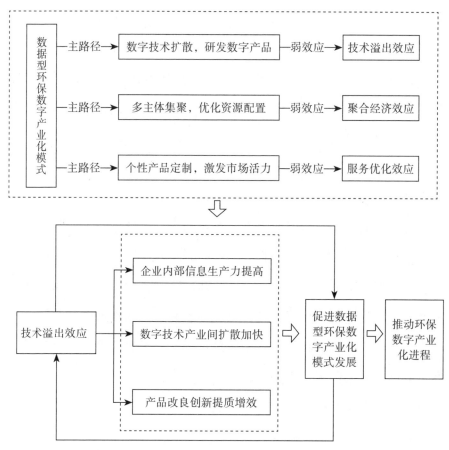

图 7.3　数据更新型环保数字产业化模式的产业效应

一、企业内部信息生产力提高

数据更新型环保数字产业化模式通过物联网、5G 等高新技术向用户提供大量环保信息资源，并对不同种类的环保数字信息加以整合以充分发挥环保数字信息价值，进一步提高了企业的信息生产力，优化了信息环境，发挥了技术溢出效应，促进了环保数字产业自身素质与效率提高。

首先，在该数据更新型模式中，环保数字供应公司搜集了大量信息资源，涵盖了环保产业先进技术、优秀环保服务案例、最新发布的环保产业政策以及产业交流会等相关信息。用户可以免费浏览各方面环保信息，满足其数据多样化的需求。

其次，环保数字供应公司对搜集到的数据资源加以整合排序。用户根据自身需求进行核心关键词搜索，可以在短时间内方便快捷地掌握所需内容，并且在信息获取过程中可以不受时间以及空间限制，实现信息获取高效便捷。但伴随着用户需求多样化的出现，进一步促进了环保数字信息的多样化涌现，用户也会受到一些不必要、不相关信息的干扰。由此，通过用户反馈机制，向供应公司反馈，及时调整，重新将数据资源进行重组，研发新产品。

基于以上两点，数据供应企业的信息生产力得以大幅提高，在满足用户信息需求多样化的基础上，也通过用户反馈机制，进一步掌握了市场信息，及时进行产品改良创新，使信息环境得到优化。

二、数字技术产业内扩散加快

一项新技术刚出现时，由于大多数企业对该技术熟悉度低以及新技术需要时间开发和传播等原因，除了技术的创新者以外的使用者很少；经过一段时间开发和传播，新技术及其配套产品等逐步为人们所熟悉，出现快速扩散的过程，即有大量企业迅速地采用该技术。[1] 环保数字企业利用数字技术，挖掘环保数据的深层价值，通过数据更新型环保数字产业化模式，以数字技术为核心的数据产品改良创新会让更多用户以及环保产业熟悉并且掌握该技术，从而扩大该模式的应用

---

[1]　刘艳龙：《论技术创新产业内扩散与社会必要劳动时间的形成》，《商业时代》2010年第18期。

规模，形成规模经济，间接降低了企业研发成本，进一步吸引更多企业进入，从事环保数据相关工作，促进数字技术在环保数字产业内加速扩散。

三、产品改良创新提质增效

数据更新型环保数字产业化模式为满足多样化需求，以数字技术为核心，充分发挥数字技术的技术溢出效应，在促进数字技术产业内扩散的同时，提升了产品更新改良的效率，提升了产品质量。此外，该模式的技术溢出效应，在促进产品改良更新的同时，也能促进环保数字产业内部新产品的创新，不仅能巩固原始产品的质量，也能促进高质量新产品的创新。

第八章　平台交易型环保数字产业化

本章研究以环保数字产业化理论为理论基础，重点对影响平台交易型环保数字产业化模式形成的影响因素进行分析，对模式的实现机制、产业效应进行研究。

第一节　平台交易型环保数字产业化模式形成的影响因素

平台交易型环保数字产业化模式是以为环保企业提供交易平台服务为核心，为聚合大量环保企业经营主体，通过平台对供求资源进行匹配，充分发挥平台作用，发挥该模式的聚合经济效应。本节针对平台交易型环保数字产业化模式，研究平台交易型环保数字产业化模式具备竞争优势的影响因素，通过强弱影响因素分析，对现有资源优势进行配置，推动平台交易型环保数字产业化模式的发展。本节依据钻石模型的分析框架，在此基础上，将影响因素划分为内部和外部两大方面，按照两大方面六个角度多个层次框架进行分析，如图 8.1 所示，其中实线表示该因素对模式的形成影响力强，虚线表示该因素对模式的形成影响力弱。

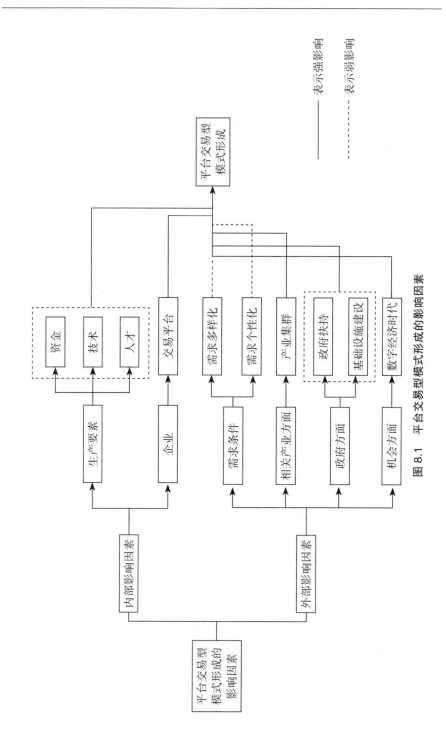

图 8.1 平台交易型模式形成的影响因素

一、内部影响因素

影响平台交易型环保数字产业化模式的内部因素主要从平台交易型环保数字产业化模式形成所需要的生产要素和平台交易型环保数字企业两大方面进行分析。

（一）生产要素方面

在二级因素分类中可以明确得出，资金、技术以及人才三个方面生产要素是影响平台交易型环保数字产业化模式形成的强影响因素。其原因表现为以下三个方面：第一，平台交易型环保数字产业化模式通过平台金融服务支撑，为用户提供便捷安全的交易保障。而资金是提供金融服务的重要生产要素，例如网上支付等便捷手段，使得现代社会的现金使用率大大降低，平台交易使得人们足不出户便可享受方便快捷的金融服务。第二，数字技术对平台交易型环保数字产业化模式的形成至关重要。以互联网、大数据、云计算、人工智能等为代表的数字技术催生了共享经济、平台经济等一系列新产业和新业态。平台交易离不开数字技术的支撑，过去必须要去物理场所才能享受到的服务，如消费、支付、通信等领域，在平台交易型环保数字产业化模式中均可以实现。第三，人才方面。在服务经济中大量的参与者是人而非机器人是服务业与工业的最典型区别之一。因此，不同经济人的参与推动了服务产品异质性以及消费者感官体验差异性的形成。[①] 因此，在平台交易服务中，人才因素对平台交易的顺利进行发挥积极作用，专业性人才的参与推动标准化、品质化模式的形成。因此生产要素是影响平台交易型环保数字产业

---

① 夏杰长、肖宇：《以服务创新推动服务业转型升级》，《北京工业大学学报（社会科学版）》2019 年第 5 期。

化模式形成的强影响因素。

（二）企业方面

影响平台交易环保数字产业化模式形成的企业因素主要集中在交易平台方面。首先，从交易平台自身对该模式形成的影响方面来看。第一，从平台内部来看，交易平台的规范化程度、交易平台数量、交易平台的设计能力、交易平台的知名程度以及普及程度对平台交易型环保数字产业化模式的形成至关重要。交易平台越规范、交易平台数量越多，就越有利于平台交易型环保数字产业化模式的形成。交易平台的设计能力直接影响环保数字信息的呈现效果，交易平台的设计能力越高对模式中环保数字信息的呈现效果越好。交易平台的知名度以及普及程度对交易主体的参与度有相对直接的影响。第二，从平台外部来看，交易平台的相关标准十分重要。交易平台的相关标准越健全，越有利于交易平台的发展，从而推动平台交易型环保数字产业化模式的形成。

从交易平台的作用来看，交易平台是平台交易型环保数字产业化模式形成的核心推动力，交易平台作为该模式运行的主要载体，发挥着不可替代的支撑作用。首先，依靠交易平台，该模式能为供求双方提供供求信息对接服务、金融保障服务。平台交易型环保数字产业化模式利用线上信息服务，依托数字技术，通过用户在平台上的搜索记录，为用户精准匹配需求信息，平台化的便捷服务使得业务办理时间进一步减少，大大改善了用户交易体验，提升了用户业务办理的效率。其次，平台的运用增加了平台交易型环保数字企业的盈利渠道，商家佣金、广告增值服务都为平台交易型环保数字企业扩大了盈利来源。最后，平台通过与银行、保理、基金等金融机构开展合作，为平台交易提供金融服务与信用保障。因此，交易平台因素是影响平台交易型环保数字产业化模式的强影响因素。

二、外部影响因素

影响平台交易型环保数字产业化模式形成的外部因素主要包括需求条件、相关产业、政府以及机会四个方面。

（一）需求条件方面

需求条件方面包括需求多样化和需求个性化两方面。对于平台交易型环保数字产业化模式来说，交易平台的应用为供需双方提供了连接载体，平台吸引供给方商家入驻，需求方用户通过平台产品浏览来实现线上交易。平台的规模影响着供给方的商家数量。平台的规模越大，商家数量越多，产品种类越丰富，满足需求的能力越高。需求多样化在平台交易型环保数字产业化模式的形成中影响力较弱，但是对该模式的发展起推动作用，对平台规模的扩大起激励作用。对于需求个性化的满足情况来说，平台交易型模式的需求满足主要依赖于供给方产品的输出，目前平台交易型环保数字产业化模式处于形成阶段，交易平台对需求个性化的满足程度较低，随着该模式发展的成熟，平台规模也进一步扩大，平台在吸引商家的同时对市场需求的关注度提升，需求的满足能力也会随之提升。因此，需求条件对目前形成阶段的平台交易型环保数字产业化模式的影响程度较弱。

（二）相关产业方面

相关产业因素主要指产业集群的发展对平台交易型环保产业化模式的形成起强大的推动作用。产业集群的存在降低了平台交易型环保数字产业化模式的交易成本。产业集群内部企业之间相互关联，不仅形成了企业"结盟",还打造了模式形成所需的"资源圈",有利于产业集群发挥聚合经济效应,促进信息、人才、知识、技术以及资本等要素资源共享,极大地优化了按不同生产方式经营的要素分配。通过形成合作紧密的产业集群,利用平台交易型环保数字产业化模式,将平台交易型环保数字产业生产运营主体各自拥有的环保数据资源、资金、技术、设备和品牌等要素聚集到一起,把原来生产流程中的生产要素进行统一融合和优化分配,突破原来单一要素生产经营下的低水平均衡,进一步提高环保数字产业的生产力,同时也促进知识外溢和技术扩散,带来行业外部经济性模式效应。因此,产业集群是影响平台交易型环保数字产业化模式的强影响因素。

(三)政府方面

政府方面因素主要集中在政府扶持和基础设施建设两个方面。在政府扶持方面,《商务部等 12 部门关于推进商品交易市场发展平台经济的指导意见》中指出:加快现代信息技术应用,发展平台经济生态。政府政策扶持为平台的发展提供支撑,鼓励环保数字产品市场立足于平台经济发展,强化平台数据资源整合和资源配置能力。在基础设施建设方面,数字经济基础设施及服务是保证数字经济良好运行的前提条件。[①] 完善平台交易配套和服务设施,加大平台建设中大数据、物联网、云计算以及区块链等数字技术的投入应用,推动环保数字信息实时交互、实现上下游企业和周边服务企业智能互联,推动平台交易型环保数字产业化模式的形成。因此,政府支持对平台交易型环保数

---

① 金星晔、伏霖、李涛:《数字经济规模核算的框架、方法与特点》,《经济社会体制比较》2020 年第 4 期。

字产业化模式的形成至关重要。

（四）机会方面

机会因素是平台交易型环保数字产业化模式形成的关键。数字经济已成为世界公认的新经济、新业态、新动能、新引擎。在数字经济时代引领下，大数据、人工智能、区块链以及5G技术等信息技术，不断催生出平台经济新形态，为平台交易型环保数字产业化模式的形成提供新的发展机遇。此外，交易平台越来越从数字经济中汲取新动能，成为推动平台交易型环保数字产业化模式形成的重要抓手。在交易平台的开发、规范、利用过程中，数字技术扮演重要的角色。平台交易型模式将会成为环保数字产业发展的新热点，是重要的经济增长极。因此，机会因素是影响平台交易型环保数字产业化模式形成的强影响因素。

第二节　平台交易型环保数字产业化模式实现机制

主要从供求对接、盈利渠道和信用保障三方面对平台交易型环保数字产业化模式实现机制进行研究。

一、供求双方对接交易

平台交易型环保数字产业化模式通过为供需双方提供环保产品以及服务的交易渠道，实现环保数字产品供应商与需求商的直接对接、线上交易。如图8.2所示，平台交易型模式的交易流程分为以下三步：

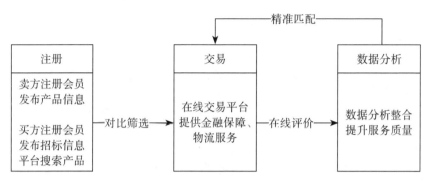

图 8.2　平台交易型环保数字产业化模式的交易流程

首先，在交易开始前，环保数字供应商在平台完成注册即成为平台会员，建立企业商城，在平台发布环保数字商品或服务信息；需求商按照自身需求既可在商城内搜索商品信息，也可以通过在平台中注册成为会员发布招标信息。供需双方通过平台对产品信息和需求信息有了一定掌握，为平台交易打下基础。

其次，在交易环节，需求方根据平台提供的在线交易评价以及商家信用情况进行对比分析，确定最佳合作商进行产品交易。在平台中进行付款、完成产品交易的过程中，平台通过提供金融服务、物流服务等一系列支持服务，保障交易顺利。

最后，交易完成后，供需双方可利用交易平台的在线评价对交易的过程进行质量评价，平台对评价信息数据进行收集，通过利用大数据、云计算等技术对评价信息进行整合分析，根据分析结果完善服务质量。

二、多渠道增加盈利

平台交易型环保数字产业化模式主要通过三种渠道进行盈利，其盈利模式如图 8.3 所示。

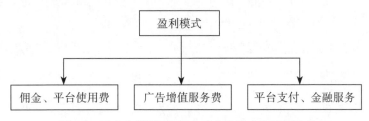

图8.3　平台交易型环保数字产业化模式的盈利模式

第一，平台向供给方商家收取佣金、向需求方用户收取平台使用费是平台交易型环保数字产业化模式的主要收入来源。基于商品种类不同，平台会对不同的商家设置不同的商品提成比例。一般情况下，为激励商家销售，提高平台盈利，商家的销售额越高，对应的提成比例越小。

第二，平台通过广告位营销等相关增值服务来拓宽盈利渠道。为提高商品的宣传力度，平台为商家提供了多种拓展渠道，例如搜索引擎优化、关键字推荐、产品广告展位等，以此提高产品的宣传力度，扩大产品的推广面积。交易平台通过对这些服务收取相关费用以此获得盈利补充。

第三，交易平台通过与银行、保理以及基金等众多金融机构开展合作，为环保数字企业提供多样化融资产品，拓展了企业的融资渠道，推动交易平台第三方支付方式，满足不同消费者的金融服务需求，为平台交易顺利进行提供金融服务，以此获得盈利。

三、多方面提供保障

针对环保数字产品供应方与需求方面临的信息不对称、供求不均衡等问题，平台交易型环保数字产业化模式为平台交易提供多方面交易保障。

一是提供信息获取保障。一方面，平台交易型环保数字产业化模式为产品供需双方提供信息整合以及业务推广等服务。另一方面，该模式利用平台在线交易评价以及数字技术为供需双方交易创建良好的服务环境，并依据精准的数据分析功能，促进商家进一步完善销售产品和服务质量。

二是提供供需对接保障。交易平台通过建立符合国家规定的全流程电子化招投标系统，帮助环保数字产品需求方扩大交易接口，并基于平台交易数据为需求方提供科学性决策依据。同时，为保障供需双方精准对接，平台从商品的生产阶段到最终交易的完成，均提供全方位服务保障。平台将环保数字相关企业聚合在一起，实现优势资源集聚，为供需双方提供交易平台，拓宽交易渠道，降低企业的搜寻成本。

三是提供金融交易保障。环保数字交易平台与银行、基金以及保理等众多金融机构合作，丰富了融资手段和金融产品种类。为供采双方交易的顺利进行提供金融服务与信用保障，满足平台供需双方的多样化金融服务需求。

第三节　平台交易型环保数字产业化模式产业效应

平台交易型环保数字产业化模式通过聚合多元经营主体，优化投资配置，促进环保产业的持续发展，发挥了平台交易型环保数字产业化模式的聚合经济效应，从而促进环保数字产业化模式的发展，进而推动环保数字产业化进程。如图8.4所示。

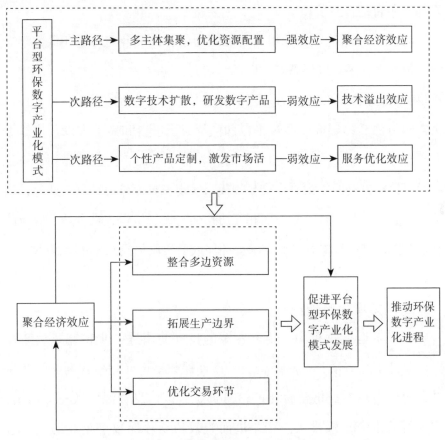

图 8.4　平台交易型环保数字产业化模式的产业效应

一、整合多边资源

　　平台交易型环保数字产业化模式通过聚合多元经营主体，整合多边环保数字信息资源，协同创造价值，实现聚合经济效应。该模式连接环保数字产品的供需双方，任何一方规模的调整，都会影响另一方的效益。因此，交易平台通过对供需双方资源进行统一整合，为供需双方平台交易提供规模化的资源体系，有效发挥平台交易型环保数字产业化模式的聚合经济效应，不仅保障了交易的有效进行，也进一步发挥了平台的自身价值。

其次，相比传统企业以自身资源为核心，平台交易型环保数字产业化模式中，平台以供需双方资源为核心，建立平台交易规则，精准对接供需双方，整合供需双方资源，实现平台自身价值的增长。平台作为供需双方的交易媒介，通过平台和供给方、平台和需求方以及供给方和需求方的三方面的相互协作，有效发挥平台的正向调节作用，充分利用供给双方资源扩大平台交易规模，实现三方面价值共创。此外，供给方、需求方和平台的三方面相互协作还有助于该模式聚合经济效应的有效发挥，进一步提升平台交易型环保数字产业化模式的实现效率。

二、拓展生产边界

在经济运行过程中，要素资源的投入使用进一步拓宽了生产边界，促进了经济增长。对平台交易型环保数字产业化模式而言，交易平台为供需双方提供整合化的信息资源，该信息资源可被充分利用，作为新的生产要素投入生产，进而有效拓展环保数字企业的生产边界，实现环保数字产品价值增长。传统模式下生产要素资源的有限性导致了生产边界的难以拓展。而对于平台交易型环保数字产业化模式而言，依托平台实现供需双方交易，平台汇集双方资源，为交易全过程提供资源保障，极大地降低了交易成本；同时，平台近乎免费使用供需双方资源，扩充了平台企业的要素资本，促进平台生产总量的提高，进一步拓展了平台生产边界，提升平台价值。

三、优化交易环节

平台交易型环保数字产业化模式通过精准对接供需双方，实现供需双方高效匹配，优化交易环节，节约交易成本，发挥聚合经济效应。该平台交易型模式以整合多边资源和建设优质平台为核心，为供需双方提供交易媒介，为双方交易的顺利进行提供服务保障。一方面，交易平台通过降低供需双方的搜寻成本优化交易环节。交易平台将供需双方的数据资源进行汇总整合，通过大数据、云计算等数字技术保障供需双方精准匹配，降低供需双方的市场搜寻成本。另一方面，交易平台通过提升服务质量优化交易环节。在交易过程中，平台通过与金融机构以及物流机构开展合作，为产品交易的双方提供金融以及物流服务，通过提供高质量的平台服务保障供需双方的交易质量，促进交易环节的不断优化，进而推动交易平台不断完善提升。平台通过上述两方面途径优化交易环节，保障该模式的高效运行，实现平台、供应方以及需求方三方价值共创。

第九章　方案应用型环保数字产业化

本章对方案应用型环保数字产业化模式进行深入研究，首先，以环保数字产业化理论为理论基础，对影响方案应用型环保数字产业化模式形成的因素进行分析；其次，对模式的实现机制、产业效应进行研究。

第一节　方案应用型环保数字产业化模式形成的影响因素

方案应用型环保数字产业化模式是以提供个性化方案应用服务为核心，满足用户个性化需求，激发市场活力，综合应用产品和方案，发挥该模式的服务优化效应。本节针对方案应用型环保数字产业化模式，研究方案应用型环保数字产业化模式具备竞争优势的影响因素，通过强弱影响因素分析，对现有资源优势进行配置，推动方案应用型环保数字产业化模式的发展。基于钻石模型的分析框架，将影响因素划分为内部和外部两大方面，按照两大方面六个角度多个层次框架进行分析，如图9.1所示，其中实线表示该因素对模式的形成影响力强，虚线表示该因素对模式的形成影响力弱。

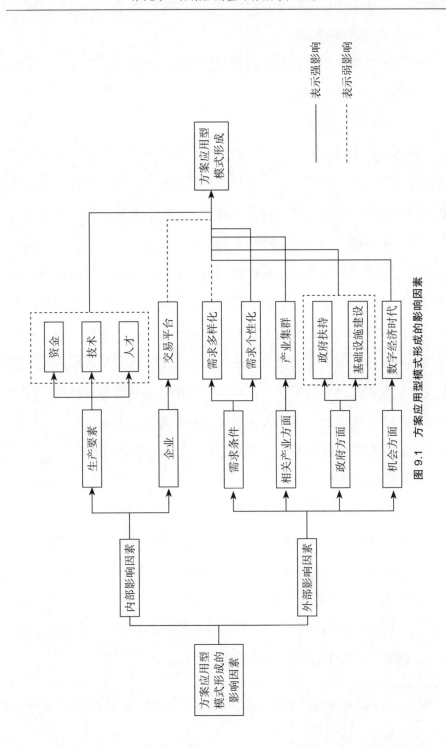

图 9.1　方案应用型模式形成的影响因素

一、内部影响因素

影响方案应用型环保数字产业化模式的内部因素主要从生产要素和企业两大方面进行分析。

（一）生产要素方面

资金、技术以及人才三个方面生产要素对方案应用型环保数字产业化模式的形成有重要影响。首先，在资金方面。资金是模式形成的基本物质保障，贯穿模式运行的所有环节。资金的充足程度直接决定了方案应用型模式的个性化产品定制能力。其次，在技术方面。新技术的应用所带来的溢出效应可以推动技术水平的提高，进而能够提升高技术产业的创新绩效。[①] 方案应用型模式依赖的数字技术对环保大数据解决方案的创新起到至关重要的作用，技术水平越高，创新能力越强，产品越能贴近用户需求。最后，在人才方面。高素质的环保数字复合型人才是推动该模式实现用户个性化需求的重要驱动力。模式的形成离不开人才的支撑，人才是优质服务的供应主体。因此生产要素是影响方案应用型环保数字产业化模式形成的强影响因素。

（二）企业方面

方案应用型环保数字产业化模式在平台方面需要借助平台对外展示方案的整体运行过程，但该模式中平台的作用不在于连接多家经营主体、线上进行交易，平台的交易作用较弱。该模式集中于满足客户的"靶向需求"，依据客户需求对方案进行改进，将用户纳入产品生产环节。因此，在该种模式下，平台的交易影响较弱，用户需求影响最强，满足用户的个性化需求是该模式的核心。

[①] 刘艳龙：《论技术创新产业内扩散与社会必要劳动时间的形成》，《商业时代》2010年第18期。

二、外部影响因素

影响方案应用型环保数字产业化模式形成的外部因素主要包括需求条件、相关产业、政府以及机会四个方面。

（一）需求条件方面

在需求条件方面主要表现为需求多样化和需求个性化两个方面。需求多样化对方案应用型环保数字产业化模式形成的影响主要是指用户需求多样，对方案的种类以及方案的解决模式等方面有强烈需求。但环保领域的问题主要集中在大气治理、水处理、固废处理、环境修复、环境监测、节能等领域，方案应用型环保数字产业化模式的形成不仅仅局限于解决一个领域的环保问题，而是涵盖了环保产业各个细分领域的环保问题，因此需求多样化相比需求个性化对该模式的形成影响力较弱。

随着经济社会发展水平的提高，用户对服务的需求逐渐向个性化方向发展。方案应用型环保数字产业化模式通过个性化定制服务，有效获取用户需求信息，深入理解用户的需求，为用户提供精准信息服务，提高用户的满意度，实现个性化需求的"靶向性"供给，满足用户个性化的服务需求。同时通过与用户的直接或间接的沟通，改善与用户的关系，增加用户的忠诚度。存在不同类型环保问题的环保企业，有着各异的个性化需求，即使是从事同一领域的环保企业，由于企业文化差异、企业掌握的技术水平高低或者企业的发展阶段不同，也会针对自身问题产生不同的方案需求，因此对方案应用型环保数字产业化模式的个性化服务要求更高。选择该模式的方案型企业通过充分利用网络技术，改变现有的服务观念和服务模式，创新服务方式，将用户想法纳入方案整改流程中，以满足客户的个性化需求为核心，充分利用现代网络技术，在原来成型的环保问题解决方案的基础上，融入客户需求元素，主动开展个性化服务，提供个性化定制解决方案。因此，需求个性化是方案应用型环保数字产业化模式形成的强影响因素。

（二）相关产业方面

相关产业对方案应用型环保数字产业化模式形成的影响主要表现在产业集群方面。产业集聚产生的集群优势，能使区域内的个体获得竞争优势，促进个体发展，进而推动集聚区域进一步扩大，形成"绿洲效应"。不少学者从不同的领域进行研究，发现产业集聚水平的提高会提升研发的效率。[①] 对于方案应用型环保数字产业化模式来说，一方面，产业集群会提高方案研发的效率，进而提升方案的用户满意度。另一方面，产业集群将该模式形成所需要的上下游中小企业集中在特定区域，降低资源搜寻成本，充分发挥资源优势，为方案应用型环保数字产业化模式的形成营造良好资源环境。此外，产业集群还有助于发挥外部规模经济效应，进一步降低该模式形成的交易成本。因此，产业集群是影响方案应用型环保数字产业化模式的强影响因素。

（三）政府方面

政府方面因素主要集中在政府扶持和基础设施建设两个方面。政府政策为方案应用型环保数字产业化模式的发展提供行动指南。2017年以来，国务院、工信部等部门陆续下发各类针对环保的政策方针，增强了地方政府部门、各类企业在意识形态上对环保的重视。2017年中国发布首个《大气 VOCs 在线监测系统评估工作指南》，对国内VOCs 在线监测技术市场进行规范，保障了方案应用型模式中监测数

---

① 谢子远：《高技术产业区域集聚能提高研发效率吗？——基于医药制造业的实证检验》，《科学学研究》2015 年第 2 期。

据的科学性和准确性。此外，伴随着政府政策不断强化，环保监测站的数量也逐渐增加。比如厦门有30多台仪器实时监控大气环境质量，福建莆田市有400多套环境监测设备保障环保监测数据实时更新，为方案应用型模式的形成提供数据支撑。在大数据基础设施建设方面，以河北省为例，围绕廊坊、张家口、承德等环京大数据基础设施支撑带已经建成，打通了数据信息壁垒，实现环保数据信息全面共享，为形成方案应用型环保数字产业化模式提供有力支撑。因此，政府支持对方案应用型环保数字产业化模式的形成至关重要。

（四）机会方面

数字经济的发展为方案应用型环保数字产业化模式的形成提供了新机会，促进了数字技术的广泛传播与应用。在大数据、人工智能等数字技术应用于生产过程中，可以带来生产组织方式的改变，提升方案的生产效率。在方案应用型环保数字产业化模式中，用户通过将自身的个性化需求信息传导至生产设计环节，促进生产前端环节实现按需生产的订单式生产，极大地提升了产品生产的效率，也提升了用户的效用水平。此外，数字经济时代的数字技术与信息是方案应用型模式的重要生产要素，带动了传统经济的数字化与智能化转型，有力推动了传统环保产业技术进步，环保产业发展理念、业务形态和管理模式也发生了深刻变革。因此，机会因素是影响方案应用型环保数字产业化模式形成的强影响因素。

第二节　方案应用型环保数字产业化模式实现机制

方案应用型环保数字产业化模式主要通过运行环保数字产品解决

方案，从而实现价值创造。该模式通过建立内部生态数据共享，监测监管一体化以及产品与方案综合应用三个环节，协调运行，保障方案的高效应用。如图 9.2 所示。

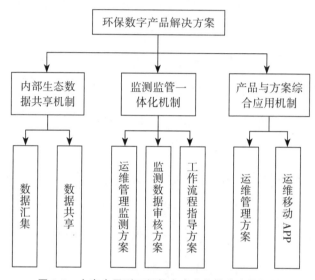

图 9.2　方案应用型环保数字产业化模式实现机制

一、内部数据共享

对于方案应用型环保数字产业化模式，通过内部生态数据共享，汇集环保各个领域，如水、气、声、土壤、固体废物、污染源、放射源、生态、应急、环境评价、执法等各个领域的实时数据，借助大数据、云计算等技术实现多部门数据互联互通，并加以整合，构建完整数据库，打破"数据孤岛"，促进方案型环保数字企业的内部建立起数据共享机制，可以按照客户的不同需求，提供相关领域的具体数据以及方案产品。

二、监测监管一体化

对于方案应用型环保数字产业化模式，最具特色的是通过贯彻"测管协同"理念，建设监测与监控一体化平台，在内部生态数据共享机制的作用基础上，对污染源、水质、空气质量、噪声等方面进行在线监测，提供软件原始性校验、虚拟串口软件检测、监测仪器实时监控功能，避免篡改系统程序、以虚拟数据代替实际监测数据、堵塞采样管等数据作弊行为。监测数据的监管工作从人工检查、事后调查的模式转变为人机结合监督新模式，进入空气质量监测数据管理新时代。

三、产品综合应用

对于方案应用型环保数字产业化模式，环保数字企业可为客户提供产品与方案的综合应用，不仅可以满足客户的差异化产品需求，也可以为客户的多元化问题定制针对性解决方案，以标准与规范的工作方案，指导运维工作及运维检查工作的开展，帮助监测中心站开展监测网络的运维管理；将产品与方案双管齐下，综合应用，助力客户挖掘各类生态大数据的关联性，实现可视化环境质量趋势及污染溯源分析，对环境中的潜在风险进行有效感知，及时规避。

第三节 方案应用型环保数字产业化的效应分析

方案应用型环保数字产业化模式通过个性化产品定制，激发市场活力，促进环保产业的持续发展，发挥了方案应用型环保数字产业化模式的服务优化效应，从而促进环保数字产业化模式的发展，进而推动环保数字产业化进程。如图9.3所示。

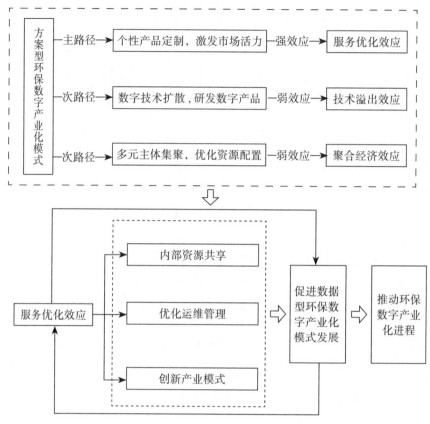

图 9.3　方案应用型环保数字产业化模式的产业效应

一、内部资源共享

　　方案应用型环保数字产业化模式的服务优化效应体现在，这种效应能进一步促进方案供应企业内部资源更大程度共享，而内部资源共享则通过企业内部分散管理和设置较少的层级结构以取得优势。方案型环保数字企业在模式运行中，企业内部在提供服务时共享组织成员和技术等资源，是企业整合自身资源、挖掘内部潜力的重要方式。通过内部资源共享，汇集环保各个领域，如水、气、声、土壤、固体废物、污染源等各个领域的实时数据，借助大数据、云计算等技术实现多部门数据互联互通，并加以整合，构建完整数据库，为满足用户个性化需求提供基础保障，由此更大程度发挥了该模式的服务优化效应，又进一步促进了模式运行的内部资源共享，形成良性发展循环。

二、运维管理优化

方案型环保公司在运维管理水平上紧跟企业发展脚步，通过设立监管检测一体化，实现动态监管，既为模式的运行提供保障，也为用户业务的正常运行提供保障；同时运维管理过程结合智能化、可视化、空间立体化分析等技术手段进行污染源分析，为预测预警、执法指挥提供有力数据支撑，健全完善的预警机制，提高问题处理效率，保证运维服务的客户满意度，充分发挥了该模式的服务优化效应。

三、产业模式创新

伴随社会分工的不断调整，产业模式创新成为新的发展趋势。企业由过去的利润最大化逐渐向价值最大化转变。例如，在传统制造行业以往的发展过程中大多采用流水线模式，但随着内部再分工的进行，目前大多数企业更侧重于将其进行模块划分，通过内部再分工，各部门间进行调整，完成自己优势部分。最终通过方案集成加以整合，形成上市产品。在此过程中，企业各部门分工明确，仅需在自身擅长的领域进行研究。对于方案应用型环保数字产业化模式而言，将用户需求纳入方案修改的过程，用户可进行多层次参与与合作，这种合作新模式促进企业重新调整解决方案，进行生产模块划分，通过内部数据共享实现模块化内部分工，各部门根据分工进行研发，最终通过方案进行全面整合成产品，满足用户的个性化需求。对于方案型企业而言，能够在最大限度上使资源得以合理化配置，将用户需求纳入产品研发过程，提高用户的满意度，推动产业模式创新，充分发挥了方案应用型环保数字产业化模式的服务优化效应。

环保服务业平台模式篇

第十章　环保服务平台模式分析

　　平台经济是数字经济的重要组成部分。国家《"十四五"数字经济发展规划》指出，加快培育新业态新模式，推动平台经济健康发展。基于平台经济理论的环保服务业发展模式，是指在平台经济发展中分工形成专门或主要提供环保服务的新型平台模式——环保服务平台模式。该模式由互联网公司主导，平台为使用者提供多样化环保商品、要素交易信息和各类环保资讯信息等服务。平台在提供环保服务的同时，进一步扩大了环保服务平台的数据资源库，其不断积累的大数据资源和对数据进行的有效分析使环保服务平台逐步成长为具有良好循环机制的产业组织生态系统。该模式的形成使环保服务业发展潜力被有效激活，为环保服务业指明了新的发展方向。因此，基于平台经济理论对环保服务业发展模式进行研究分析确有必要。

第一节　环保服务平台模式构成与分类

　　本节以平台经济理论为基础，分析环保服务平台模式的构成与分类，研究认为环保服务平台模式是由平台运营方、需求主体、供给主体和相关辅助主体共同构成的新型产业组织模式；依据环保服务平台的主要功能不同，将环保服务平台模式分为电商型环保服务平台模式和资讯型环保服务平台模式两种。

一、环保服务平台模式构成

环保服务平台模式是由多个主体通过共享企业资源、多层次协调合作为环保服务平台使用者提供各类环保服务的新型产业组织。平台运营方即环保服务平台，该平台处于模式构成的中心地位，供给主体、需求主体和政府、金融机构等辅助主体与平台直接相连共同构成环保服务平台模式。如图 10.1 所示。

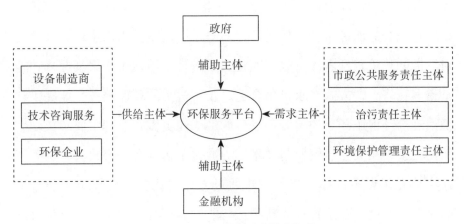

图 10.1　环保服务平台模式构成

（一）环保服务平台运营方

环保服务平台运营方即环保服务平台，其处于环保服务平台模式的中心，主要提供云计算、数据处理、信息匹配等平台服务，通过平台价值吸引供给方、需求方和其他相关参与方聚集，同时为多方主体制定平台准入门槛和交易规则，承担平台治理责任。

（二）供给主体

环保服务平台供给主体由平台运营方、设备制造商、技术咨询服务以及相关环保企业等组成。这些供给主体以环保服务平台为载体为需求方提供各类服务。平台运营商提供大数据分析、信息集合分类、质量监督等服务，设备制造商可在平台发布设备供给信息，技术咨询服务公司根据客服需求提供各类环保解决方案，相关环保企业则通过平台提供多样专业环保服务。

（三）需求主体

环保服务需求主体主要包括市政公共服务责任主体、治污责任主体和环境保护管理责任主体。

市政公共服务责任主体是环保服务平台的重要需求主体，其通过对分散的环境责任者进行收费而将大量的环境治理工作聚集起来，通常采取特许经营方式寻求价格合适、技术过关的环保服务企业提供环境治理等环保服务。环保服务平台的形成使更多企业有了展示成功案例的机会，相关企业资质与技术实力通过平台发布，市政公共服务责任主体有了更多选择，能进一步通过专业对比测评选择出更加合适的企业。通过平台了解行业新闻与行业发展等资讯，作出更科学合理判断。

治污责任主体作为环保服务平台的需求主体，其特点是自行承担环境治理责任，通常直接寻找环保服务专业企业以服务外包的方式与环保服务供应商达成合作。该类主体对环保服务的需求更具灵活性、多样性、针对性，对环保服务供应商有更精准、更具体的服务品质与效率要求。这类主体通过平台获取行业政策、技术发展情况等产业信息，发布环保服务需求，其需求发布后能被平台诸多供应商迅速知晓，有效降低此类主体的搜寻成本，快速达成合作协议。

环境保护管理责任主体作为环保服务平台的需求主体，关注点在于环境审核和环境检测等环保服务领域，主要工作在于对环境的保护以及日常管理。此类环境保护管理责任主体对平台信息也具有较大需求，尤其关注环境监测技术发展以及行业新闻等，通过平台聘请外部专业机构协助完成相关工作。因此，环境保护管理责任主体也成为环保服务平台的需求主体。

（四）辅助主体

辅助主体是指为平台的稳定运行提供相应支持的主体，如政府和金融机构等。政府的作用一是为平台交易的合法性进行审批；二是与平台合作开展环保产业交流会，促进产业交流，为展会开展提供相关支持。金融机构的作用一是为平台入驻企业提供多样化的融资手段和创新的金融产品，解决平台企业的融资问题；二是为供采双方交易的顺利进行提供金融服务、信用保障等相关资金支持。

二、环保服务平台模式分类

目前针对平台模式的分类情况，不同的学者根据不同标准提出了多种分类方式，尚未有一种完全通用于各类平台的分类方式。因此，本书在对前人分类研究基础上依据环保服务平台的主要功能不同，将环保服务平台模式分为电商型环保服务平台模式和资讯型环保服务平台模式两种，进而对不同发展模式进行研究。如表 10.1 所示。

表 10.1　环保服务平台模式

模式类型	电商型环保服务平台模式	资讯型环保服务平台模式
切入口	商品	资讯
平台特征	对接供采双方 进行线上交易	整合产业信息 发布前沿资讯
主要业务	线上交易 金融、信用等支撑服务	信息资讯服务 承接环保会议 品牌建设推广
平台优势	缩短交易环节 降低搜寻成本	打破信息壁垒 全面把握动态

（一）电商型环保服务平台模式

电商型环保服务平台模式，以商品和服务为切入口，包含产品交易、要素交易、人才交易等多方面相关环保服务交易。该模式顺应互联网和物联网的发展趋势，深挖商业机遇，借助大数据、云计算、人工智能等先进技术，依托环保产业积淀和互联网系统工具帮助环保企业供需双方智能匹配供给需求、线上线下多维互动、高效率高频率交易，帮助大型环保企业实现数字化转型，提升企业内部效率，降低成本、精益经营。同时，深度链接互联网、金融、财税、科技、营销等多维度优质跨界资源，并通过大数据的挖掘和分析，不断延伸至供应链金融、销售合伙人计划、共享资源及租赁、专业人士社区及产权交易等方面，提供一站式产品及服务，有效实现企业的信息流、实物流、资金流、信用流、数据流等多流合一，集招采、销售、电商交易、金融服务等功能于一体。

电商型环保服务平台模式通过互联网大数据分析技术，能够有效整合需求者和供给者双方信息，降低交易用户的搜寻成本，提高交易效率。平台作为"长尾理论"的有效诠释，只有将众多的小微企业集聚起来才能应对当今时代下的环保服务新需求，而电商型环保服务平台模式为小微企业提供了广阔的交易空间。平台通过集聚环保服务供需双边的资源，通过数据资源的整合处理为供需双方提供精准匹配，帮助双边市场用户节约搜寻成本；通过与金融机构和物流机构等合作为平台用户提供包括金融支持、物流支持等增值服务，帮助双边市场用户提升交易质量。平台在为双边市场用户提供高质量服务的同时，双边市场的企业质量也将随之提高，推动平台不断发展。

（二）资讯型环保服务平台模式

资讯型环保服务平台模式，提供各类环保资讯类服务，服务内容涉及 B2B 商城建设、项目推广营销、环保行业会议、前沿信息资讯、品牌建设推广等，涵盖环保行业供需对接交流会、行业高峰论坛、环保项目信息服务、环保资讯、环保行业趋势分析、工程案例解读、品牌策划推广等方面。依托资讯型平台，中小企业可建立自己的 B2B 商城，发布企业产品、公司介绍、企业新闻、工程案例等。在传统单边市场中，中小企业很难接触到各类环保项目，而通过资讯型环保服务平台所搭建的双边市场，能有效激发中小企业活力，拓宽项目流通渠道及信息传播通道。该类平台通过高速高效汇集传递信息，提供一体化解决方案等更优质的服务，促进环保服务业发展，引起了产业组织形式和生产服务模式的深刻变革。

资讯型环保服务平台模式追求的是平台与用户之间的长期合作关系，不会因为某个项目的结束而终结。平台每完成一个项目，其相关数据就会被保留，相关信息被发布，从而进一步提升平台吸引力。基于云计算和大数据分析技术，针对各类资讯进行梳理分类，吸引用户

越多，完成服务越多，平台价值就越高，形成良性循环，相关资讯类
服务不断被优化，平台得到进一步发展。

第二节　环保服务平台模式形成原因

本节以平台经济理论中平台形成部分为理论基础，通过对相关文
献的梳理，提出环保服务平台模式是在环保服务需求拉动、环保服务
业问题推动和互联网技术与政策催化的三方合力下得以形成的，其形
成原因如图 10.2 所示。

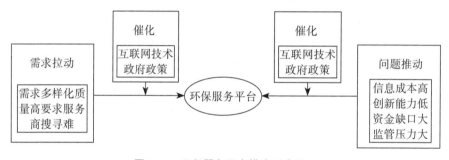

图 10.2　环保服务平台模式形成原因

一、环保服务业需求拉动

一是需求多样化拉动环保服务平台模式形成。随着生产方式的发
展变化以及国家对环境的重视，个性化、定制化生产增多，对环保服
务的需求变得多样化，需求不确定性增强，而传统环保服务业服务类
型同质化严重，无法满足市场多样化需求。二是质量高要求拉动环保
服务平台模式形成。随着我国经济的发展以及人民生活水平的提高，
环境质量要求不断提高，导致企业对环保服务需求质量要求越来越
高，而传统环保服务业的服务内容难以满足市场高要求。三是服务商

搜寻难拉动环保服务平台模式形成。由于不同企业对环保服务需求针对点不同，环保服务需求者搜寻满足自身要求的服务商难，寻找优质的服务商更难，这无疑为环保服务相关活动的进行增加了难度。在这一发展过程中传统环保服务业由于交易成本的增加也显得力不从心。一方面，环保服务需求拉动环保服务业进行组织创新；另一方面，市场主体倾向于选择交易成本更低的交易方式。于是，在互联网与平台经济的大背景下，环保服务平台模式因需而生。

二、环保服务业问题推动

一是信息成本高推动环保服务业寻求产业组织变革，以提高信息传递速度与效率，促进环保服务平台模式形成。我国环保服务业企业多为中小型企业，企业规模小，集中度低，区域差别明显，呈现出"东多西少"的特点。北京、广东和山东的环保服务企业数量最多；而西藏、宁夏、青海、甘肃等省区相对较少。传统市场经营战略难以化解区域不均的问题，主要关注大客户，中小客户往往被忽视。因此，面对多样不确定的环保服务需求，中小企业的信息成本高，信息渠道相对闭塞。二是创新能力低促使环保服务业加强产业间技术交流与学习，进而推动环保服务平台模式形成。环保服务业中包含诸多小微企业，这些企业由于资金能力和企业规模限制，对于产业领先的相关环保服务技术投资力度远远不够，导致环保服务产业核心能力与创新能力不足。虽然部分领域的技术、产品研发能力较强，如能源监测、余热余压回收利用、变频电机等成熟技术、产品被广泛应用，但在实践中仍是传统技术占主导，基础性、开拓性、颠覆性技术创新缺乏，行业竞争出现业务同质化趋势，对解决特定客户的不同要求针对性不强。三是资金缺口大推动环保服务平台模式形成。我国环保服务产业普遍存在应收账款高、项目资金缺口大的特点，而且中小企业面临融资渠道缺乏、融资手续繁杂、融资成本高等问题。很多中小企业因资金能力不足而陷入运营困境，对环保服务业的发展产生了一定程度的阻碍。四是监管压力推动环保服务平台模式形成。大型采购商面临供应链管理缺失、信息化基础薄弱等难题，在进行招标投标时，对价值链上下游信息掌握不够充分，在环保服务过程中监管压力巨大，容易造成风险损失，违约现象增多，纠纷处理尚未建立机制性安排，服务质量无法得到保证。这一系列产业问题迫切要求环保服务业进行产业结构创新以突破信息壁垒、创新技术壁垒、资金壁垒以及减少监督管理压力，成为环保服务平台模式形成的强大推动力。

三、互联网技术与政策催化

一是互联网技术的发展加速催化了环保服务平台模式的形成。互联网技术改变了传统产业的产业"形状"，催化了"产业平台"新型产业组织形式的出现。互联网技术扩大了信息资源的流动范围，加快了信息资源的传播速度，降低了信息资源的搜寻成本。借助互联网技术，商品和服务交易的各个环节包括线上交易的达成、专业咨询服务的提供等均被极大限度地优化与颠覆。产业发展以大量行业、用户或业务的数据为核心资源，以获取数据为主要竞争手段，以经营数据为核心业务，以各种数据资源的变现为盈利模式。环保服务平台运用互联网大数据分析等技术有效聚合产业信息，为企业的发展提供各类服务，突破了空间与时间限制。入驻环保服务平台的各个企业可通过对平台信息资源的获取与利用，提高企业自身的竞争能力；自身资源在加入平台的同时得以分享出去，多企业协作配合，产生良性互动。平台成为产业升级发展的强大载体，而互联网技术的变革则催化加速了这一过程，驱动环保服务平台模式形成。二是政府政策支持加速催化了环保服务平台模式的形成。我国政策环境不断优化。2019 年 8 月，国务院办公厅发布《关于促进平台经济规范健康发展的指导意见》，提出互联网平台经济是生产力新的组织方式，是经济发展新动能，对优化资源配置、促进跨界融通发展和大众创业万众创新、推动产业升级、拓展消费市场尤其是增加就业，都有重要作用。该政策指出了互联网平台是促进产业融合与产业升级的重要推手，同时也为互联网平台的构建与完善提供了政策支持。2016 年 12 月，国家发改委联合四部门发布《"十三五"节能环保产业发展规划》提出要深入推进环保服务模式创新，培育新业态。2017 年 4 月，《能源生产与消费革命战略》指出要集中攻关能源互联网核心装备技术、重点推进能量信息化与信息物理融合技术、能源大数据技术及能源交易平台与金融服务技术等。2019 年 5 月，《国家标准化管理委员会国家能源局关于加强能源互联网标准化工作的指导意见》制定了中国能源互联网技术发展和标准化工作路线图、能源互动标准。这些政策的出台为环保服务平台的形成提供了坚实的政策保障，良好的国家政策环境催化加速了环保服务平台的形成。

第三节　环保服务平台模式产业效应

环保服务平台模式作为新的产业组织形式，具体通过双边市场效应、外部经济效应、创新升级效应和成长衍生效应等，提高产业素质与效率、优化产业结构，发挥平台的产业效应，促进环保服务业发展。双边市场效应、外部经济效应和创新升级效应通过整合双边资源、共享资源要素、拓展生产边界、提高信息生产力、优化交易环节和第三方职能推动创新发挥作用，从而实现环保服务业产业素质与效率的提高；创新升级效应和成长衍生效应通过模块化内部在分工、创新产业结构、打破了传统组织边界发挥作用实现产业结构的优化。如图10.3 所示。

一、双（多）边市场效应

双（多）边市场效应是指平台汇集了平台运营方、供给主体、需求主体和辅助主体等多方主体，连接双边用户，彼此之间形成互动关系。一边用户规模越大，则吸引更多另一边用户，且用户获得的服务质量越高，双边相互依赖，形成正反馈。对电商型环保服务平台模式而言，服务供应商与服务需求商作为双边市场用户，一边市场用户规模越大，则平台规模越大，平台信息资源更加丰富，为双边市场提供的信息资讯和商品服务的质量与数量均得到提高，进而吸引更多的另一边市场终端用户，平台规模进一步得到扩大，双边市场用户使用平台的效用将显著提升。通过对双边资源的整合实现服务供应商与服务需求商的联动发展，协同创造价值。对资讯型环保服务平台模式而言，通过对双（多）边信息资源的集聚、更新、共享，提高了资源配置效率。

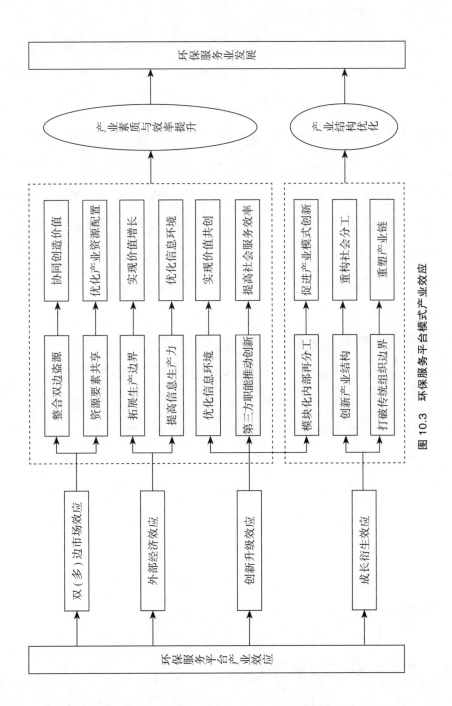

图 10.3 环保服务平台模式产业效应

二、外部经济效应

外部经济效应是指平台通过对信息资源的整合集聚，帮助产业内各企业主体降低生产和交易成本，从而提高环保服务质量，促进环保服务业发展。当一个环保主体存在对环保服务的需求时，其依靠传统环保服务业手段寻找到适合的环保服务供应商所付出的搜寻成本与交易成本较大；而平台内部各类资源共享，将大大减少企业的交易成本，提高环保服务质量与效率。对于电商型环保服务平台模式而言，平台信息资源作为新的生产要素参与到经济生产之中。要素的增加能够使生产可能性边界进一步向外扩大，进而实现价值增长。对于资讯型环保服务平台模式而言，表现为信息生产力的提高，信息环境得到优化。

三、创新升级效应

创新升级效应是指一方面利用资源优势，平台自身快速成长，推动产品升级、工艺升级和功能升级；另一方面作为第三方组织推动职能创新和商业模式创新。对电商型环保服务平台模式而言，平台通过优化交易环节，拓展交易辐射半径实现功能升级，进而实现三方的价值共创。对资讯型环保服务平台模式而言，商会、协会等作为平台第三方组织承担了政府转移的部分职能，平台会员可以共享平台信息，企业之间协作配合，实现资源互补，有助于实现工艺升级，提升环保服务业服务效率；资讯型环保服务平台通过模块化内部再分工，推动产业模式创新。

四、成长衍生效应

成长衍生效应是指平台作为一种新的组织形式，通过对产品、服务、用户、渠道等资源进行整合，形成全新形式的平台生态系统，组织边界模糊化，社会分工重组化，原有组织形式得到进一步升级。对电商型环保服务平台模式而言，商业模式从传统的线型供应链结构转变为基于互联网平台的网状立体协同结构，产业结构得以创新，社会分工被重构。对资讯型环保服务平台模式而言，传统组织边界被打破，产业链被重塑，平台系统服务能力得以综合提升。

第十一章　电商型环保服务平台模式

电商型环保服务平台模式是重要的环保服务平台之一。首先，以平台特征理论为基础，对电商型环保服务平台模式特征进行分析；其次，以平台行为理论为基础，研究电商型环保服务平台模式的不同发展阶段行为与运行机制；最后，以平台产业效应理论为基础，研究电商型环保服务平台模式的作用机理。

第一节　电商型环保服务平台模式特征

电商型环保服务平台模式特征表现在三个方面：一是线上核心＋线下支持。平台在交易中起着核心中枢的作用，但只有依靠线下实体的支持完成线下运作，才能形成一个完整的交易闭环。二是为双边市场提供服务。平台同时连接供需双边市场，提供服务给双边市场用户。三是为交易提供信用保障。一方面，通过对入驻企业进行认证及管理，对企业资质、诚信度等方面进行准入筛选；另一方面，对交易后的数据进行收集处理，保障交易的顺利进行。

一、线上核心 + 线下支持

电商型环保服务平台模式是以平台为中心连接双边市场企业促进交易完成。对于通过电商型环保服务平台所完成的交易而言，平台在交易中起着核心中枢的作用，突破空间与时间的限制，通过大数据云计算等手段为供需方匹配精准服务，推动招采等业务高速高效完成。与资讯型环保服务平台模式不同，一些资讯型平台的服务可以仅仅通过网络平台完成整个交易闭环，而电商型平台交易的完成则需要线下实体的支持，实体企业入驻平台，只有当企业达成线上交易并通过线下运作时才可以完成整个平台服务的交易。因此，平台的发展不仅仅与线上运作有关，更需线下支持，入驻平台的实体企业的实力也将成为平台价值的判断标准。

二、平台为双（多）边市场提供服务

传统环保服务业是基于单边市场的思路，依靠自身拥有的资源，作为单边市场中的一方主体，向需求方提供环保服务。而电商型环保服务平台模式则不同，电商型环保服务平台作为典型的双边市场的结构，双边用户将产生明显的交叉网络外部性。基于双边市场的思路，消费者和终端用户成为其重要资源。基于平台运营操作技术，电商型平台通过收集终端需求方的数据。为供应端提供相应的需求分析、库存决策等方面的服务，满足需求者需求的同时也满足了供给者需求，三方共同进行价值创造。

三、平台为交易提供信用保障

在传统环保服务业市场中，服务需求方与服务供应商之间存在信息不对称；且传统环保服务业交易由于产业标准缺失，监管不严等因素而导致交易过程存在信任度不足的问题。而电商型环保服务平台模式则能为交易提供有效的信用保障。一是通过对入驻企业进行认证及管理，对企业资质、诚信度等方面进行准入筛选，在一定程度上保证了平台服务质量，有利于交易的顺利进行。二是交易后的相关数据由平台收集并进行处理分析，对该企业的下次交易起到一定参考作用，也促使平台入驻企业加强自身管理，提供更优质服务。

第二节　电商型环保服务平台模式发展阶段

电商型环保服务平台模式的发展以创立为初始，再经由成长和聚合，最终实现重组。在这一过程中，无论是对于平台企业功能本身，还是对于企业间关系以及平台组织而言均处于一个动态发展的过程，会随着所处阶段的不同而作出相应调整。对于三者而言，分别需要经历以下过程，即：由外界刺激转为提供基础服务，维护运行规则；由"闭门造车"转为多方面重组；由被动转为主动，自组织程度逐步增强。如图11.1 所示。

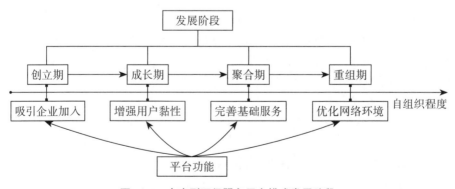

图 11.1　电商型环保服务平台模式发展阶段

一、创立期吸引企业加入

创立期的平台发展重心在于广泛吸引外界资源，刺激中小企业的融入。环保服务业具有企业小而散的特征。就中小企业而言，其自身能力相对较弱，难以凭借自身的力量构建专属的信息系统，且在该过程中，易于受到外界的影响，在面临高风险的同时还需要大量的资金支持。平台具备专业化分工以及资源共享的特质，很大程度上吸引了企业加入，实现横向联合。借助平台，企业可建立完备的价值系统，以自身特质为出发点，借助于外部网络的支持，形成协作网。除此之外，平台还能够为其提供多重资源以及完备的组织体系，由此吸引了大量的中小企业。此类企业的聚集也促进了资源的整合，使企业能够在互联网平台中，仅使用较低的成本即可实现资源的获取，也为日后的合作互赢奠定了基础。就平台企业和中小企业关系言，并不存在直接的隶属关系，两者作为独立存在的经济实体，不需要受到纵向权力的制约。中小企业依赖平台所提供资源和服务，在平台企业的营销刺激和引导中加入平台。

二、成长期增强用户黏性

平台企业成长期的主要功能是增强用户黏性。平台通过相应措施引导企业熟悉平台规则；并通过为中小企业提供商业机会等方式引导企业建立联系和参与合作。在这一过程中，伴随着组织作用的削减，部分权利职能交由中小企业，在更大程度上提高了用户黏性以及归属感，产生对平台的向心力。随着加入时间的增长，中小企业对平台的认可度增强，对各类规则也较为熟悉。在此基础上，中小企业更偏向于借助平台的物流、数据以及软件等资源，拓宽市场，自行选择合作伙伴，建立专属合作网络，无形中增强了网络黏性，各组织间联系开始出现自组织的趋向。

三、聚合期完善基础服务

平台企业聚合期的职能再次进行调整，由权能主体转变为提供服务支持，即主要实施者退居幕后，进行平台的维护以及规则的完善，进而为提供高效且共赢的合作奠定基础。对此，平台主要构建金融、软件、数据等基础设施，为网络提供增值服务。与创立期相比，中小企业在聚合期已经充分了解平台所提供的各类资源，并在此基础上，利用资源选择合作伙伴，建立良性的合作关系；还能够在生产、宣传、研发等领域进行自组织聚合，抓住机遇，获取高额收益。就总体水平上而言，各中小企业已经能够在不断演化过程中，建立专属的合作网络，且随着多样性的提高，也使得网络的适应性得到进一步提升。

四、重组期优化网络环境

平台企业重组期的主要功能是优化网络环境。与面对面交流合作相比，平台网络中存在虚拟性以及不确定性。为了确保中小企业获取资源、合作的顺利进行，平台必须不断优化自身服务系统，建立信任关系，以确保用户的自身利益不受侵害。因此，平台需要在建立物流、金融以及信用等服务体系的基础上，大力加强信任环境建设。平台企业网络之所以能够受到各类企业的广泛推崇，在很大层面上是由于其性价比高，可以仅花费较低成本便可获取较多资源，并能够自主寻找潜在合作伙伴，建立良性合作关系。在线下模式中，企业更偏向于与具有长期合作关系的客户进行联系，这主要是由于两者之间已建立信任关系。但是，在平台网络中，各企业往往不能完全了解合作者的各类信息。因此，只有建立"制度信任"，才能够确保合作朝着良性方向发展。在此阶段，平台所涵盖的各类企业已经能够完全掌握网络结构以及硬性规范，并在此基础上对各项资源进行整合，寻找潜在合作群体，实现自主性融合。总体上而言，规则体系的完善，能够促使平台为参与者提供良好的基础设施和生态环境，而企业也能借助平台企业所提供的良性发展环境不断壮大力量，拓展发展领域，实现效益的增长。信任机制是平台得以自组织发展的根本原因，平台的形成机制也正是企业构建信任制度的基石。此过程的最终目标是完善网络规则，构建合理化合作体系。

第三节　电商型环保服务平台模式运行机制

本节主要从交易流程、盈利模式和支撑服务三方面对电商型环保服务平台模式运行机制进行刻画。

一、交易流程

电商型环保服务平台模式通过与环保供应商、需求商的直接对接，为双方提供连接渠道，进行交易。交易流程分为三步：第一步，供应商在平台完成注册即成为平台会员，可建立企业商城，在平台发布环保制造设备等商品或服务，需求商可在商城内搜索所需商品，需求商完成注册可在平台内发布招标信息。供需双方通过平台直接了解到双方产品服务与特定需求，利用在线交易评价、大数据分析的精准匹配和商家信用情况进行对比分析，寻求最优合作商。第二步，供采双方在平台进行交易，通过平台进行付款，平台提供金融、物流等支持服务。第三步，买方获得商品和服务，卖方收到货款，交易完成。双方可对交易过程进行在线评价，平台将收集此次交易相关数据作为平台数据库分析来源，运用大数据云计算等技术进行分析研究，进一步完善平台服务。在多次交易过程中，平台吸引的企业越来越多，服务范围不断扩大，服务质量得到提升，产品交易量增加，形成良性循环，促进平台不断发展。如图 11.2 所示。

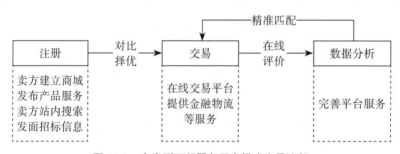

图 11.2　电商型环保服务平台模式交易流程

二、盈利模式

电商型环保服务平台的盈利模式，一是通过向平台商家收取佣金和平台费用作为主要收入来源。首先，平台对入驻商家发布产品或需求收取平台使用费；其次，对于不同商家所销售的不同种类的商品设置波动的提成比例。通常情况下，商家的销售额越高，给平台上缴的提成比例相对越小，这不仅对入驻企业产生提高自身服务产品质量、扩大自身销售额的激励，平台也能获得更多盈利。二是通过广告等增值服务获得盈利补充。平台通过为卖家提供搜索引擎优化、键字推荐、广告展位等手段帮助卖家占得平台显眼位置，使其产品服务更易被买家获取，从而对这些增值服务收取费用。三是主推平台自身的第三方支付方式，与银行、基金、保理等众多金融机构合作，为企业用户提供多元化融资手段和金融产品，满足不同消费者的需求，为平台交易顺利进行提供金融服务而获得盈利。如图11.3所示。

图 11.3　电商型环保服务平台盈利模式

三、支撑服务

针对供应商与采购商面临的信息不对称、产销与需求不均衡等痛点。电商型环保服务平台模式为其提供平台化的整合信息、业务推广等服务，利用在线交易评价、平台大数据等为双方建立信用系统，并依据精准的平台数据为企业提供个性化的销售管理、精准化的营销推广等产品和服务。建立符合国家规定的全流程电子化招投标系统，帮助大型企业连接和打通企业内部、项目上下游全流程的价值链，为其提供多元化、开放式的接口，并基于数据为其提供决策参考。提供一站式产品及服务交易，从商品的生产阶段到最终交易的完成，平台均可提供相关的服务，供应方与需求方通过平台直接相连，精简交易环节，拓宽销售渠道，降低企业搜寻成本。同时与银行、基金、保理等众多金融机构合作，为企业用户提供多样化的融资手段和创新的金融产品。为供采双方交易的顺利进行提供金融服务与信用保障，促进产业升级发展。

第四节　电商型环保服务平台模式作用机理

电商型环保服务平台通过整合双边资源、扩展生产边界、优化交易环节实现协同创造价值、价值增长与价值共创，发挥了环保服务平台的双（多）边市场效应、外部经济效应和创新升级效应，促进了环保服务业产业素质和效率的提升；通过创新产业结构实现重构社会分工，发挥了环保服务平台的成长衍生效应，实现了产业结构的优化。如图 11.4 所示。

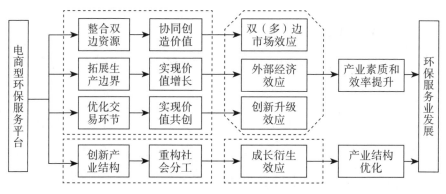

图 11.4　电商型环保服务平台模式作用机理

一、整合双边资源

电商型环保服务平台模式通过整合双边资源，协同创造价值，发挥双（多）边市场效应，实现产业素质和效率提升的产业效应。该模式连接的双边市场，具有相互影响和依赖的性质，随着一方规模的调整，另一方所获效益也会随之改变。因此，在此过程中，双边市场用户同时作为平台的一种特殊资源，由平台进行整合，并构建合理化资源体系，使其有效发挥交叉网络效应，促进平台用户交易的有效进行和平台自身价值的增值。相比传统企业从自身内在资源出发的特点，电商型环保服务平台更偏向于依靠双边市场资源来实现价值的增长，例如通过建立规则机制，实现用户的连接，促进交易进行，进而推动网络效应的形成。双边资源的整合是一个多变繁杂的过程。该平台模式通过双向协作，实现平台和供给方、需求方以及供需双方之间的多层次联动合作，产生积极的正向调节作用，进一步扩大平台规模，实现协同创造价值，双（多）边市场效应得以有效发挥，产业素质和效率得到提升。

二、拓展生产边界

对电商型环保服务平台模式而言，平台提供的信息资源可以视作免费增加的生产要素投入生产，从而有效拓展生产边界，实现价值增长、产业素质和效率提升的产业效应。要素资源投入在经济活动中起着至关重要的作用。对传统模式而言，各类生产要素资源的有限性使得生产的可能性边界难以得到拓展。而对于电商型环保服务平台模式而言，企业依托平台，无论是在生产还是后期经营等方面，所需成本都将大幅度降低；再加上平台能够提供几近免费的信息资源要素，也进一步使得企业的要素资源总量实现增长，生产总量提高，生产边界得到拓展，实现价值增长。

三、优化交易环节

电商型环保服务平台模式通过对平台供需双方进行高效匹配，优化交易环节，实现价值共创，发挥创新升级效应，实现产业素质和效率提高的产业效应。该平台模式的发展重点不在于研发生产，而在于如何进行资源整合与平台构建，将供给双方联系在一起，为交易的顺利进行提供相应的服务。平台通过数据资源的整合处理为供需双方提供精准匹配，帮助双边市场用户节约搜寻成本，通过与金融机构和物流机构等合作为平台用户提供金融支持、物流支持等增值服务，帮助双边市场用户提升交易质量。平台在为双边市场用户提供高质量服务的同时，交易环节不断得到优化，双边市场的企业质量也将随之提高，推动平台不断发展。这样，使得双边用户在互动与交易过程中实现价值或效用的满足，提高产业链运行效率，进而实现三方的价值共创。

四、创新产业结构

对电商型环保服务平台模式来说，不同于产业链连接上下游企业，平台模式更类似于网状结构。平台企业、供需双方通过平台可进行多层次互动，产业结构得以创新，社会分工被重构，成长衍生效应得以发挥，进而实现产业结构优化的产业效应。在进行社会经济活动过程中，分工起着至关重要的作用，但是其在促进发展的同时，也会在一定程度上使得产业链延长，供求关系复杂化，进而使交易成本出现相应的增长。在以往经济模式下，交易双方往往无法高效、准确地获取所需信息。为了解决上述问题，满足双方需求，中间商应运而生。作为中间组织，中间商将供需双方串联起来，促进产业链的形成。但是在此过程中，引入中间环节必然导致风险的出现以及成本的增长。与以往组织方式不同，电商型环保服务平台模式取代了传统模式下中间商的地位。供需双方通过平台直接联系，缩短了传统产业链所需环节，实现了产业结构的创新，重构了社会分工。在此过程中，中小企业借助平台实现网状立体协同模式，并凭借动态柔性链接、共赢共生、优势互补以及即时反应的特性，避免由于产业链环节过长导致的信息传递不畅、信息不对称等所引起的一系列问题，实现合作共赢。

第十二章　资讯型环保服务平台模式研究

资讯型环保服务平台模式是本书研究的两种重要的环保服务平台之一。首先，基于平台特征理论对资讯型环保服务平台的模式特征进行分析；其次，以平台行为理论为基础，研究资讯型环保服务平台模式的不同发展阶段的行为与运行机制；再次，基于平台产业效应理论，研究资讯型环保服务平台模式的作用机理。

第一节　资讯型环保服务平台模式特征

资讯型环保服务平台模式产生的契机在于获取平台所提供的服务费。其改变了传统模式下的服务交易网络，并以高度稳定的特征存在于产业网络的发展以及演变进程中，具有典型的"核心—外围"式结构，是平台企业主导下多层次交易与竞合关系的集成。

一、"核心—外围"式整体结构

"核心"及"外围"是指平台企业及其他使用平台的企业群体。前者主要是指在交易网络中，平台企业能够提供相应的资源以及服务，包括提供管理咨询服务、信用水平信息、指定信息系统规则，此过程即所谓的建构区块。在此种区块的支持下，各行为主体可以不断进行交易、协作以及创新等。其在维护企业关系中起着核心作用，如若缺少这一环节，则各企业间将难以形成有效沟通。因此，平台企业处于核心地位，且具有较高的稳定性，用以维持平台的平衡发展。"外围"即使用平台的其他企业群体，此类群体如果仅凭借自身能力进行交易，会面临信息渠道不畅、交易成本过高等困局，因而必须借助于平台的支持。平台所提供的服务以及资源是其赖以发展的关键。因此，可以将其看作是整体系统中的从属产物。此外，外围企业在一定规则内可以自由进入与退出平台，并且就整个产业系统的功能而言，其提供的产品或服务具有专业化、模块化、可变性、可加性特征。如图12.1 所示。

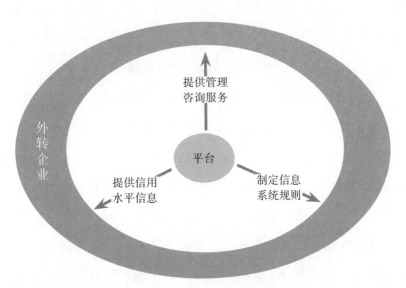

图 12.1　资讯型环保服务平台结构

二、多层次交易与竞合关系的集成

在资讯型环保服务平台结构中，平台企业与其他网络主体之间存在三种基本关系：一是平台企业向服务业部门中的服务企业提供公共基础设施、市场需求信息、管理咨询等互补性资源与服务，据以降低这些企业的服务成本、提升服务效率；二是平台企业向制造企业提供服务部门内相关企业在诚信水平、服务质量、服务能力等方面的信息，因此降低了制造企业通过市场购买服务的交易成本、提升效率；三是平台企业向整个交易网络提供信息系统界面、制定平台规则等服务。上述交易关系与"核心—外围"结构相契合，形成了平台主导下多层次交易或竞合关系，一是平台企业向制造企业、服务企业提供的服务具有基础性、可以共享、标准化等特征，因此，平台企业与其他企业之间的交易关系具有"一对多"性质。二是平台企业之间的信息共享使企业之间存在多层次竞合关系。

三、平台企业作为明确的网络治理主体

对于资讯型环保服务平台模式而言，平台为了吸引更多企业购买平台服务，将会主动治理网络，提高整体网络效率。这与一般网络治理中普遍存在的集体行动困境显著不同。并且，由于平台企业提供的资源与服务在整个网络系统中的基础性地位，平台企业必然会成为系统中多方行为主体博弈的焦点，据以获得其网络治理主体的社会合法性与治理主导权。而从动态角度来看，一个产业生态或网络平台系统的演化是参与人角色分工、能力积累、系统结构、规则之间协同演化的结果。因此，平台企业作为网络治理主体的角色及其治理能力将随着系统演化逐步累积强化。

第二节　资讯型环保服务平台模式发展阶段

资讯型环保服务平台模式的发展以启动期为初始，再经由成长期和成熟期，最终进入衰退期。发展阶段不同，平台的主要任务也有所不同。对于资讯型环保服务平台模式而言，启动期培育决定性用户市场，成长期增加平台服务多样性，成熟期稳定平台生态系统，衰退期进行转型或消亡。如图 12.2 所示。

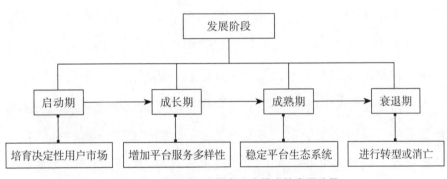

图 12.2　资讯型环保服务平台模式的发展阶段

一、启动期培育决定性用户市场

在启动期，资讯型环保服务平台模式的主要任务是培育决定性用户市场。这一时期平台的业务类型与服务内容尚处于探索阶段，功能业务较为简单。企业对平台认知比较陌生，较少企业熟知并入驻平台，平台的网络效应无法得到发挥。这个阶段平台的主要任务是，通过对双边市场的特点与关系进行分析，判断出决定性用户市场，借助该用户市场对产业的影响，进一步增强平台吸引力。通常来说，终端用户市场是具有决定性影响的，因此资讯型平台在启动之初都针对终端用户市场的各种信息需求进行平台核心信息发布，通过各种策略吸引终端用户使用平台。[1] 在平台培育用户群体的同时，还注重平台系统界面和信息发布程序等方面的建设，为平台规模的扩大打下良好的基础。

二、成长期增加平台服务多样性

成长期的资讯型环保服务平台模式的主要任务是增加平台服务多样性。这个时期的平台，包括平台规模、平台结构和平台功能三个方面，均发生了较大的变化。对于平台规模来说，这一时期平台规模处于不断扩大的状态，由于启动期决定性用户市场的影响，另一边市场的用户也将不断加入平台，二者相互影响、相互促进，平台规模随之扩大；对于平台结构来说，随着平台规模的扩大，平台入驻企业涉及环保服务产业内多个层次、多种类型，平台结构更为丰富；对于平台功能而言，随着入驻企业的增多以及平台自身的探索，平台功能不断得到完善。这一时期的平台用户相对稳定，平台的工作重心在于逐步扩大业务范围，增加服务多样性，为平台使用者提供多种类、高质量的环保服务，通过多样服务为平台获得更多收益。

三、成熟期稳定平台生态系统

成熟期的资讯型环保服务平台模式的主要任务是稳定平台生态系统。这一时期的平台已经具备了较为成熟的信息技术处理能力和商业模式运营能力。平台使用方已经处于稳定增长的状态，且多类型企业

---

[1]　谷虹：《信息平台论——三网融合背景下信息平台的构建、运营、竞争与规制研究》，清华大学出版社 2012 年版，第 43—186 页。

能较为顺利地展开深入合作，平台功能趋于完善，已经完全具备自我维持的能力。这一时期的平台使用方大多与平台能够完全融合，互促发展，平台的工作重心则在于采取合理监管方式维护各方平衡，稳定好现有平台生态系统。

四、衰退期进行转型或消亡

衰退期的资讯型环保服务平台的主要任务是寻求创新，实现转型。若转型成功则平台重获活力，若转型失败则平台走向消亡。虽然资讯型环保服务平台模式能够在较高的规模水平上维持相当长的一段时间，但当它被另一种颠覆性的技术或趋势所取代的时候，也将逐步进入衰退的轨道。[①] 这个时期的平台规模将缓慢下降，平台使用者将不断流失，此时平台需不断升级服务内容与服务模式，探索向新模式的转型，使平台重获活力。

第三节　资讯型环保服务平台模式运行机制

平台企业的出现改变了传统产业格局，促进了产业新一轮秩序或架构系统的重构。这种"创造性破坏"触发了多重集聚动力与效应的连锁与反馈效应，进而创造了资讯型环保服务平台模式的独特机制，如图 12.3 所示。

---

① 谷虹：《信息平台论——三网融合背景下信息平台的构建、运营、竞争与规制研究》，清华大学出版社 2012 年版，第 43—186 页。

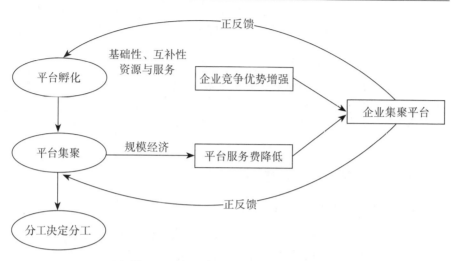

图 12.3　资讯型环保服务平台运行机制

一、平台孵化

对于资讯型环保服务平台模式的"核心—外围"式结构而言，其存在的主要目的在于对传统市场竞争结构进行调整。在此过程中，也形成了聚集性的平台孵化机制，即考虑到企业能够更为便捷地获取平台所供给的资源以及配套服务措施。因此，与其他企业相比，其竞争力更强，无形中使得此类企业逐渐朝着平台聚集。随着企业数量以及类别的增长，平台所掌握的资源更多，服务更趋于完备，进而也在一定程度上降低了交易以及服务成本。在这一环境背景下，逐渐形成正反馈机制，企业聚集现象日益突出，促使平台成为资源以及信息集中地，导致成本锐减、资源扩增、创新力增强、生产能力提高，进而增强企业围绕平台集聚的"向心力"。

二、平台集聚

前述平台孵化机制的一个引致机制使其改变了原有产业内部的竞

争结构，并触发了具有累积强化正反馈特征的"平台集聚机制"，从而加强企业向平台集中的吸引力。这是因为：一方面，在平台服务效率提升以后，以平台为基础进行交易或是其他经济活动的企业具备更强的竞争力，对其他企业施加影响，使其融入于平台中，进而导致市场需求的提高；另一方面，随着需求的不断增长，服务企业的需求量将大额提升，进而导致可获收益的增长和发展空间的扩增，使得多方利益均能有所提高。进而，服务型平台将呈现出具有累积强化的"平台集聚机制"，加速企业向平台集聚的进程。在平台规模日益增长的同时，平台企业依靠资源以及配套服务所获取的收益也将实现迅猛增长，因此，在此过程中，可将平台服务费和网络内交易成本降低。这必然会加大企业集聚平台的网络正反馈强度，也使得集聚动力与效应更加凸显。

三、分工决定分工

在平台企业孵化、平台集聚正反馈机制的共同影响下，资讯型环保服务平台达到规模经济临界值的进程将大为缩减。而一旦达到这个临界值，整个服务业部门必然在规模经济、专业化经济的作用下出现深度分工，产生"分工决定分工"机制。杨小凯认为把所谓的斯密定理"劳动分工依赖于市场的大小"译为"劳动分工依赖于劳动分工的水平"，并不是同义反复，而是说存在某种良性循环机制，即所谓正反馈，能使劳动分工自我繁殖。[①] 规模经济带来的供给量的增加使得用户对其他产品需求量增长。其结果是，刺激该环保服务业内中间型服务资源投入、专业化服务企业的衍生和发展，促进资讯型环保服务

---

① 杨小凯：《当代经济学与中国经济》，中国社会科学出版社 1997 年版，第 5 页。

平台模式多项业务的产生与开展。

第四节 资讯型环保服务平台模式作用机理

资讯型环保服务平台模式通过共享资源要素、提高信息生产力、第三方职能推动创新，实现了产业资源的优化配置，信息环境的优化，社会服务效率的提高，使环保服务平台的双（多）边市场效应、外部经济效应、创新升级效应得以发挥，从而促进环保服务业产业素质和效率的提升；通过模块化内部在分工、打破传统组织边界实现产业模式创新和产业链的重塑，从而发挥创新升级效应和成长衍生效应，实现环保服务业产业结构的优化。如图 12.4 所示。

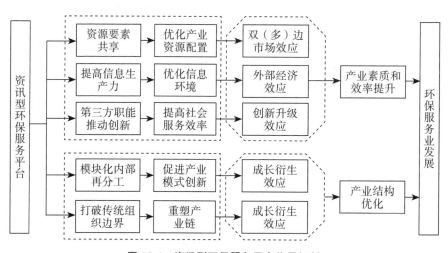

图 12.4 资讯型环保服务平台作用机制

一、信息资源集聚共享

资讯型环保服务平台模式通过信息资源集聚共享，优化产业资源配置，发挥双（多）边市场效应，实现产业素质与效率提升的产业效应。在技术创新过程中，成本、人才、完备的科学服务体系是满足技术创新需求的关键。在以往模式中，科技中心的组织机构虽然相对稳定，但缺乏多样性，已经难以与当前创新型资源整合相匹配。而资讯型环保服务平台模式，以当前市场需求为出发点，并依靠互联网的支持，提高资源获取能力，加快信息整合速度，无论是在信息的收集、传递还是整合、分析过程中，均实现较好发展。该模式能够及时获取创新资源，并将其进行汇总以及共享，改变传统信息收集、识别以及调整等模式，通过创新资源整合和开放共享优化资源配置，在一定程度上扩宽平台受众群体，使得资源利用率大幅提高。

二、提高信息生产力

资讯型环保服务平台模式通过提供大量信息资源、对信息种类加以整合排序、实现信息透明等方式提高了平台信息生产力，优化信息环境，发挥外部经济效应，实现产业素质与效率提高的产业效应。首先，在该平台模式中，平台提供大量信息资源，涵盖了产业先进技术与政策的发布、优秀环保服务案例的发表以及产业交流会等相关信息。平台使用者可免费浏览各种信息，平台会员则能得到更具针对性的信息服务。其次，平台对信息种类加以整合排序，平台使用者进行关键词搜索，可以在短时间内掌握所需内容。此类信息在传递过程中，高效、便捷，且不受到地域的限制。但伴随着信息的大量涌现，用户难免会受到一些不必要信息的干扰。由此，平台提供了分析模块，将信息资源进行整合，并按照一定的方式进行排列。比如，用户可以通过搜索引擎进行关键词检索，筛选出所需信息；进行产地、价格以及折扣筛选，可以对产品进行分组；分类工具模块可以帮助用户在最短时间内将信息按照设定要求进行分类，有助于高效掌握所需资源。最后，平台还具有较高的安全性，实现信息透明。在以往传统商业背景下，市场环境错综复杂，再加上信息资源的不对等，使得风险性较高。为了营造良性的运营环境，最大限度避免上述现象的发生，平台也采取了相应举措。例如对信息资源进行审核，删除违规的文章以及资讯。并且还增设了评分系统，用户可对信息进行打分，并提出相应整改意见，以确保信息资源的准确真实。基于以上三点，平台信息生产力得以大幅提高，使信息环境得到优化。

三、第三方职能推动创新

通常情况下，政府可根据实际情况，将自身部分职能交由第三方组织，如协会、商会等。资讯型环保服务平台模式作为新型产业组织模式可经由政府授权，承担技术推广、民意调研、标准制定、社会资源共享以及企业环境构建等相关职能。通过第三方职能推动创新，提高社会服务效率，发挥创新升级效应，实现产业素质与效率提升的产业效应。对于社会企业本身而言，其往往在科研水平、信息获取、设备资源等方面有所欠缺，因此需借助于外界提供资源以及设备等。在此过程中，第三方组织往往可以起到关键作用，如资讯型环保服务平台。其借助于政府的支持，在最大限度上整合社会资源，并协调资源共享，以确保各职能岗位能够各司其职，满足当前社会需求，不断创新发展，进而提高服务水平及办事效率。

四、模块化内部再分工

对于资讯型环保服务平台模式而言，外围企业通过平台可进行多层次竞争与合作，这种竞合关系促使企业进行生产模块划分，通过平台实现模块化内部分工，企业只针对自身最具优势的领域进行研究，最终通过平台加以整合，实现产业模式创新，发挥成长衍生效应，实现产业结构优化的产业效应。首先，随着社会分工的不断调整，商业模式逐渐朝着创新化方向发展。在当前经济大环境背景下，社会分工正在不断深化。价值最大化逐渐取代了以往的利润最大化。以传统制造行业为例，在以往发展过程中，大多采用流水线模式。但随着内部再分工的进行，目前大多数企业更侧重于将其进行模块划分，并将不同模块交由领先的企业进行前期构建以及后期生产。最终借助于平台集成商对其加以整合，制得可上市产品。在此过程中，企业仅需在自身擅长的领域进行研究。其次，平台模式是竞争与合作的共存体。竞争主要存在于同质模块的供应商之间，而合作则在异质模块供应商之间产生，这种竞合使平台与供应商之间形成了一种全新的商业模式。对于平台企业而言，其能够在最大限度上使资源得以合理化供给，使其范围不断扩大。由此可引起各供应商之间的良性竞争，最终经由平台的筛选，确定最具优势的产品及企业，推动企业创新，提高创新效率，促进产业模式创新。

五、打破传统组织边界

资讯型环保服务平台从聚集多种类型企业、提高模块价值和扩大资源集聚规模三方面打破传统组织边界，重塑产业链，发挥成长衍生效应，实现产业结构优化的产业效应。首先，从整体水平上而言，平台涵盖了多种类别的企业，互补性较强。随着多方企业的互动合作，组织边界逐渐模糊。其次，创新型技术及工艺的出现，促进了模块价值的提高。例如检测服务商、开发供应商以及产品销售商等具备更强专业储备的模块供应商往往能够提供更为先进的服务及技术，进而使得模块价值大幅度提高。最后，平台生态系统的构建使得资源聚集规模得以扩大。在此过程中，平台企业能够通过获取所需资源及产品，并进行相关交易活动。而对于互补性平台企业而言，其能够以核心产品为重心，并配备相应的生产体系以及软件供给等。因此在一定程度上拓展了其应用领域，使其服务能力提高，传统组织边界被打破，产业链得以重塑。

发展困难与对策建议篇

第十三章　数字环保服务业发展困难

数字经济时代的数字环保服务业发展目前还处于初期阶段，必然会面临一些发展中的困难。本章按照数字环保服务业的三个重要领域分别进行阐述。

第一节　环保服务业数字化困难分析

基于前文的影响因素框架下的问题分析，总结出环保服务业数字化面临着数字技术成果转换效率低、企业数字化转型战略与内外部环境不匹配、缺少技术窃取规避和政策调控制度、环保服务业与数字产业存在信息不对称的发展困难。

一、数字技术成果转换效率较低

数字技术作为环保服务业数字化转型中最重要的因素，具有快速迭代型和衍生性，其未来发展的方向深刻影响着研发主体未来的研发方向和技术选择方向。环保企业需要投入大量资源要素通过自我研发和外部引入两种方式来获取数字技术，并对数字技术进行全方位的应用来实现数字化转型。但在实际应用中数字技术成果转换效率低下阻碍了企业数字化转型的进程。

一是传统环保服务业具有相对稳定的业务流程和运营模式，自我研发和外部引入的数字技术与原有的业务流程和运营模式存在适配性问题，即数字技术成果的效益转化能力存在不确定性。数字技术与具体业务能否匹配，能否达到优化简化交易流程、实现效率提高等问题都难以准确的预判。事实上，目前我国企业尤其是中小企业数字技术应用成果多停留在行政等表层，对于生产经营等深层次、全方位的数字化转型涉及较少。根据相关文献的调查，能用数字技术成果改变生产经营模式的企业仅有 5%，运用云服务改变自身生产经营模式的企业占比 39%，通过数字技术进行精准预测、辅助人工决策的企业占比为 28%。①

二是环保企业数字化转型成本影响数字技术成果转换效率。数字化转型既是一个创新工作，也是长期、持续的试错过程，企业对数字技术的研发、引入需要持续性投入大量资源，包括企业内部数字基础设施建设和数字信息系统的研发。同时，企业也面临数字人才紧缺的问题，需要引入或培养复合型人才。大量且持续性的资金投入如果不能提高企业效益将会增加企业的资金负担，影响环保企业数字化转型意愿，降低企业的数字技术成果转换效率。

二、企业数字化转型战略与内外部环境不匹配

数字化战略是企业为实现数字化转型所作出的一系列科学规划。数字化战略应与企业的内外部环境相匹配，从而提高数字化战略实行

① 严若森、钱向阳：《数字经济时代下中国运营商数字化转型的战略分析》，《中国软科学》2018 年第 4 期。

效率。但目前存在企业数字化转型战略与内外部环境不匹配的问题，主要表现为数字化战略与组织结构的不匹配和数字化战略与日益变化的市场环境不匹配。

对大多数传统环保企业而言，其对数字化转型的认知仅停留在数字化转型是一场技术革命，可通过引入、研发数字技术并应用到企业上实现数字化。对数字技术的重视使得企业把大部分资源和经历都放到数字技术的研发和引进上，忽略了数字化转型同样需要调整企业组织结构，数字技术和企业组织结构要相匹配。企业组织变革能力较弱，使得企业数字化战略与企业组织结构的不匹配影响组织的运行速度和企业数字化转型效率。例如：在前文对两种数字化模式的案例分析中，案例中的企业也多是通过外部引入和自我研发的方式优先发展数字技术，之后再进行组织结构的调整，这使得企业数字化转型效率低。

同时，企业数字化战略与日益变化的市场环境不匹配。数字技术产业和传统环保服务业的跨界融合，使得产业边界模糊，市场竞争加剧；准确把握市场动向，研发数字化新业务是环保企业提升竞争力的要求。但对于绝大多数环保企业来说，其数字化战略主要是基于现有的业务构架进行数字技术赋能，缺少对数字化业务的创新和突破，难以实现新业务模式和商业模式的转变。

三、技术窃取规避和政策调控制度不完善

政府对环保企业数字化转型的支持主要集中在财政政策上，主要通过建设数字基础设施，推动以人工智能、云计算、大数据为代表的数字技术在环保服务业的应用；通过对环保企业实行优惠税收政策，减免增值税、企业所得税等税种，减少企业资金压力，促进企业数字

化转型。虽然企业通过政府财政政策获得了发展，但单一的财政支持不能满足企业的数字化转型需求，还存在着以下问题：

一是规避企业合作风险的政策制度不完善。在上文提到的两种环保服务业数字化模式中，环保企业需要构建合作平台，完善合作机制实现技术、知识、经验在各主体间的多向流动。合作创新是环保服务业数字化模式的显著特点，数字生态内部企业的技术、知识、人才互动需要在企业间建立良好的合作沟通机制。但在企业合作过程中，环保企业基于自身的利益最大化原则，彼此之间还存在着竞争与利益冲突。龙头企业和中小企业在进行技术、知识交流时，存在技术窃取、数字技术外漏等搭便车式的风险。同时，在数字生态系统中，技术的双向流动使得技术的边界难以界定，企业维权比较困难，给企业造成了极大的损失。因此，需要政府制定和完善数字技术窃取和外漏方面的法律。

二是政策调控制度不完善，中小企业数字化转型进程缓慢。我国环保产业政策侧重于向龙头企业倾斜，如《关于构建现代环境治理体系的指导意见》旨在让龙头企业率先实现数字化转型，为中小企业提供经验，并以此带动全产业的数字化转型。但我国环保服务业以中小企业为主，受制于资源有限，数字化转型对其激励不足；即使有龙头企业、政府、环保协会的技术、政策、资金支持，但因对数字化转型结果的不确定性以及对成本、风险和收益的权衡使得数字化转型意愿较低，数字化转型进程相对较慢。同时，中小型企业因绝对优势小，容易被龙头企业进行生存空间挤占和利益侵占，使其发展环境恶劣。因此，政府在这一过程中的调控作用便显得必不可少，通过相应政策的出台，使中小企业也能获得数字化转型带来的绩效的增长，从而促进整个环保产业的效率提升。

四、环保服务业与数字产业存在严重信息不对称

环保服务业数字化的持续推进既需要软硬件技术产品等技术供给，又需要知识方法等经验支撑。由于环保服务业与数字产业存在着行业壁垒，致使绝大多数环保企业需要采取外部技术助力型环保服务业数字化模式，这也使得环保企业和外部技术供应商在进行合作时存在着高度的信息不对称。

一是目前存在的大多数数字技术供应商缺乏对环保服务业的行业调研，对环保服务业的业务流程、组织模式、盈利模式等存在信息壁垒，因而无法把握环保服务业数字化转型中的核心业务需求。同时，对环保服务业数字化转型中的痛点还缺少了解，因而无法提供针对性的数字化转型方案，大多通过提供通用性数字技术的方式为环保服务业技术赋能，使得环保服务业数字化转型成效较低，无法获得最佳方案。

二是环保企业无法把握数字技术供应商方案的经济适用性。传统环保企业缺少对数字技术适用性的甄别能力，因而对于数字技术供应商提供的方案只能探索性接受，根据实际应用情况对数字技术供应商的方案进行评估。数字技术供应商提供的数字化转型方案若无法满足环保企业的数字化转型需求，由此造成环保企业的转型成本增加，产业的效率无法得到提高。基于以上分析，环保服务业和数字产业的信息不对称，致使双方在数字化转型方案的一致性问题上需要长时间的沟通交流，大大增加了转型的时间成本。

第二节 环保数字产业化困难分析

　　环保数字产业化作为当前数字产业化发展的重要研究领域，在发展过程中面临诸多困难与挑战。前文基于钻石模型因素分析框架，结合环保数字产业化模式形成过程中各个模式强弱影响因素分析，认为三种模式有待开发的影响因素主要表现在需求条件、交易平台、产业集群方面，而这些方面又离不开人才、技术以及政府的支撑。因此，可以从人才、技术、产业集群、政府四个角度找出当前发展弱势。见图 13.1。

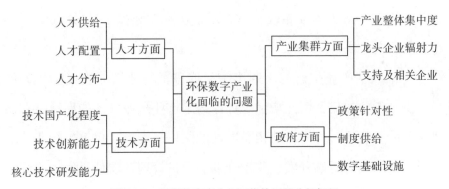

图 13.1　环保数字产业化面临的问题分析框架

一、环保数字复合型人才短缺

　　环保数字产业化复合型人才短缺主要体现在高素质人才供需不匹配、高学历人才配置不合理、数字型人才就业区域分布不均衡三个方面。这里主要从上述三个方面分析环保数字产业化面临的环保数字复合型人才短缺的困境。

（一）高素质人才供需不匹配

环保数字技术的不断创新，对相关从业人才的基础素质和技术水平提出更高的要求，增加人才培养成本，直接影响到环保数字产业化人才的供给。根据领英调研报告，软件工程、电气与电子工程、计算机科学、信息科学等学科是数字产业化从业人员招聘的主要专业。《中国教育统计年鉴》显示，2018 年电子信息类本科毕业生 16 万人，电气类本科毕业生 8.3 万人，计算机类本科毕业生 22.5 万人，三类本科毕业生人数占工科毕业生总数的 37.2%。2018 年工学研究生毕业人数为 20.9 万人，上述三类专业研究生毕业人数约为 7.8 万人。2018 年电气类、电子信息类以及计算机类三类学科的本科以及研究生学历毕业生总量约为 54.6 万人，相较于 765 万的数字产业化人才需求量，仍存在较大的人才缺口。

环保数字产业生态的不断丰富，促进了行业人才岗位分工，使分工进一步精细化，由此增加了环保数字行业从业人才的稀缺性和人才培养的复杂性。首先，从招聘网站的岗位分类看，仅 ICT 行业技术类岗位就细化为后端开发、移动开发、项目管理、硬件开发、前端开发、测试、运维、技术支持、数据分析与处理、通信设施研发、半导体研发、人工智能算法研究等 12 类；在 12 个分类中又细化为几个至十几个子分类。由于每个分类的具体工作岗位的差异性，对人才的要求进一步提高。其次，环保数字产业的细化分工增加了人才的技能要求。不同环节的人才不仅要精通自身业务，还要对产业链上下游业务有所了解，以确保产业链运行流畅。最后，环保数字产业特征带来的数字技术迭代也要求环保数字产业人才不断提高对行业发展、技术变革以及新业务模式的适应能力。由此进一步加大了环保数字复合型人才的学习成本，使复合型人才的培养难度进一步增加。细化的人才岗位分工以及更加专业的人才技能要求使环保数字产业的人才流动难度加大，进一步导致了高素质人才供需的不匹配问题。

（二）高学历人才配置不合理

有关环保数字产业化人才相关数据尚未统计，因此只能从数字产业化整体来看高学历人才的配置情况。清华大学与领英报告对多个招聘网站关于 ICT 与数字平台产业人才招聘信息的统计数据显示：在 ICT 与数字平台产业的 72 万个招聘岗位中，对学历要求的比例中本科以下、本科（或以上）、硕士（或以上）、博士分别占 0.6%、52.6%、44%、2.8%。由此得出，数字产业化对人才的需求集中在本科及以上，对人才的需求更倾向于高学历人才。但是，高学历人才中，又分为 985 院校人才、211 院校人才以及普通本科院校人才。在绝大多数招聘中对岗位应聘者的要求都是需要具备"985 或 211""双一流"等高校教育背景，而对于其他普通院校与科研机构培养的高学历人才接受程度不高，从而导致普通院校高学历人才就业压力大、配置不合理问题。

（三）数字型人才就业区域分布不均衡

环保数字产业化属于数字产业化的一个细分领域，由于目前对环保数字产业化相关数据的统计不完善，因此在研究环保数字产业从业人员区域分布问题中，采用数字产业化整体研究。从我国数字产业化就业人员的南北方分布情况来看，呈现"南强北弱"的特征。由于珠三角与长三角地区不论是在社会、经济、信息化、基础设施建设等方面，还是在区位以及各类资源方面都具备明显优势，因此对人才具有较强的吸引力，吸引大量的数字型从业人员的集聚。《2020 年中国大学生就业报告》的数据显示，数字型人才的就业地主要集中在泛珠江三角洲和泛长江三角洲区域。2019届从事互联网开发及应用和计算机与数据处理类职业的本科生中，29.7%的人才分布在泛珠江三角洲经济体，27.5%的人才分布在泛长江三角洲。这种强吸引力使得其他地区的人才吸引能力明显处于劣势，加剧了人才区域分布不均衡问题。

就人才分布地区来看，上海、北京、深圳、广州、杭州、成都、苏州、南京、武汉、西安是拥有数字型从业人员最多的10个城市。其中，北京的数字产业化人才占全国的比例为15.6%，上海的数字产业化人才占全国的比例为16.6%，广州的数字产业化人才占全国的比例为3.9%，深圳的数字产业化人才占全国的比例为6.7%。由此，环保数字产业化正处于发展上升阶段，在区位资源优势方面符合数字产业化"南强北弱""北上广深"聚集这种特征，因此，在人员分布方面也面临一定程度的不均衡。

二、环保数字技术水平滞后

从数字技术在环保数字产业化的应用来看，主要有两个瓶颈：一是核心数字技术研发不足；二是数字技术创新能力低。基于此，下面分析环保数字产业化面临的数字技术水平相对滞后的困境：

（一）技术软硬件国产化程度低

数字技术软硬件国产化程度过低使软件市场的整体占有率偏低，阻碍了环保数字产业市场份额的提高，进一步影响环保数字产业化发展。

在硬件方面，我国的核心技术掌握有限，仍受国外钳制。例如华为芯片多次受到美国的制裁，不仅限制美国企业生产的核心部件零件供应，也限制其他国家和地区利用美国技术从事生产的核心部件零件供应。核心技术掌握有限直接导致数字技术硬件设施不足，进而使数字技术市场竞争力低，从而影响环保数字产业化的市场竞争力。

在软件方面，国产基础软件在操作系统、数据库、中间件、办公套件等方面仍面临困境，消费者对国外品牌的消费依赖阻碍了我国环保数字产业化的市场开拓。这主要是由于国外数字软件在市场占据先发者地位，在长期经营过程中累积的消费者所形成的消费习惯在较短时间内难以扭转。以 PC 端操作系统为例，根据调研机构 Net Market Share 发布的数据，截至 2020 年 6 月，微软 Windows 有超过 86% 的市场份额，而苹果 Mac OS 操作系统的市场份额占比近 10%，仅上述两家美国公司就占据了全球操作系统 95% 以上的市场份额。而中国的国产化软件以华为鸿蒙系统为代表，市场份额占有率较低，主要是因为技术水平滞后，对常用或专业软件支持度不足。环保数字产业化需要强大的数字软件辅助，缺乏强大软件的支持是环保数字技术水平滞后的重要原因。

（二）技术创新力低导致个性化消费需求未能满足

目前，我国环保数字消费层级多样化和消费群体差异化造成了消费习惯的差异化，进而促进消费需求由多样化向个性化方向转变。环保数字产业化的发展促进平台交易型环保数字产业化模式的产生，平台经济为线上与线下消费的相互融合拓宽渠道，主要体现在消费场景迁移、消费群体分化、消费传播演进等方面，将环保设备等实体购物转向线上平台交易，在为环保数字产业带来一定创新的同时，也为消费者带来便捷。但无论线上线下，消费者对消费过程中的购物体验服务都有更高标准的需求。由于线上消费供需两端存在难以克服的时空距离以及数字技术创新度不完善，因此不能根据客户需求及时调整产品，相比线下消费在满足客户体验感方面存在一定缺陷，阻碍了线上线下的协调发展。环保数字产业化所涉及的服务水平尚待提升，消费者个性化需求未得到有效满足。

另外，技术创新能力低导致产品的创新能力低，使环保数字企业的用户个性化需求满足程度低。尽管在当下的环保数字产业化过程中，方案应用型环保数字产业化模式能满足一定的用户个性化需求，但环保数字产业化设计范围广泛，产品种类多样。技术创新能力低制约了环保数字企业的产品生产，由此产生的产品粗制滥造、仿冒品牌等问题仍是当下的难点问题。

（三）核心技术研发不足制约产业化发展

数字产业化作为环保数字产业化发展的主要驱动力占数字经济的比重明显下降，由 2005 年的 50.9% 下降至 2019 年的 19.8%。由于核心数字技术研发不足导致数字产业化的经济贡献降低，也进一步制约了环保数字产业化的发展。目前环保数字技术缺乏核心自主知识产权和强有力的研发中心，不利于环保数字产业化的发展。环保数字产业所需要的工业软件、操作系统等关键数字技术设备对外依赖度高，制约了环保数字产业化的发展。比如，工业软件是环保数字企业实现研发、生产和运营信息化必不可少的工具，然而我国工业软件市场基本被国外工业软件所垄断。芯片相关技术和设备一直受制于人。为此中国企业每年要支付高昂技术专利费、设备购置费，致使环保数字产业整体数字技术供给不足，阻碍了环保数字产业化进程。

三、环保数字产业集群整体发展缓慢

环保数字产业集群整体发展缓慢是环保数字产业化当前面临的主

要困境之一，环保数字产业集群为环保数字产业化提供了重要的产业支撑。当前环保数字产业集群主要面临产业分散、龙头企业辐射力度较弱和支持及相关企业刚刚起步三方面问题，制约了环保数字产业化发展。

（一）环保数字产业集中度低

环保数字产业整体分布较为分散，集中度低，因此环保数字产业集群发展较为缓慢，难以发挥规模效应。从我国的环保科技园区发展方面来看，目前我国环保园区发展势头较好的有江苏宜兴环保科技园区、江苏淮安环保工业园区、柴达木循环经济试验区格尔木工业园等工业园区。宜兴与淮安环保科技园区在环保科技方面发展较好，但在数字科技方面发展水平仍有待提升。柴达木循环经济试验区格尔木工业园自2021年开始不断完善5G等新基建，推进数字技术在环保领域的应用，充分利用数字经济重点项目"智能盐湖"工业互联网平台促进中国盐湖资源绿色循环利用。截至2021年，柴达木循环经济试验区格尔木工业园智能采收系统完成总进度70%，加工厂自控系统升级改造工程完成总进度35%，全年完成投资约0.5亿元；信息化界面已基本建成，全年完成投资约0.2亿元。但地域分布较为分散，集中度较低，在大力发展数字经济的同时，环保园区的集中度还有待提高。

（二）龙头企业辐射力度较弱

随着当前环保产业以及数字经济的蓬勃发展，不少企业已经逐渐转型，致力于环保数字产业领域；但是由于企业总体规模较小，参与企业的数量较少，部分大型环保数字企业或龙头企业仅以自身业务发展为核心建立生态圈，对周边企业的辐射带动作用较弱。

　　由于多数平台的设计能力有限、知名度较低，导致对国内外知名人力资源服务机构的吸引力较低，难以形成环保产业集聚效应。以数据更新型模式为例，合作企业较少的原因有以下两方面：一是企业所在区域的经济发展水平较低，对人力资源服务机构的吸引力度弱；二是现有的招商引资手段不足以吸引更多的环保数字企业进驻。环保数字领域中的大中小企业尚未能形成协同发展的良好局面，因此环保数字产业集聚地仍处于低发展水平，目前还没有形成生态圈，还难以产生"产业化"的效果。

　　（三）支持及相关产业刚刚起步

　　从环保数字产业集群发展所需要的支持及相关产业角度来看，环保数字产业基础相对薄弱，处于起步阶段。一些环保企业仅在环保设备制造、污染处理等方面有一些基础，或者掌握数字技术的企业未能与环保企业及时对接，从而未能大范围形成一定的环保数字相关产业。

　　目前还没有形成专业化环保数字产业园区，缺乏专业的行业中介和咨询机构，以北极星环保网为代表的第三方环保数据质量检测机构有所发展，但还未形成较大检测系统。目前成立的环保产业相关网站，主要从政府层面提供相关的产品服务，开展产业推进工作，行业内缺乏协会、行会以及商会支持，环保数字企业间缺乏交流与合作。因此从全行业角度来看，行业支持及相关产业仍处于起步阶段，对环保数字产业集群发展的支撑力不足，制约了环保数字产业集群的发展。

四、政府扶持作用不突出

　　从环保数字产业化各个模式的选择影响因素方面可以看出，环保数字产业化发展离不开政府政策、基础设施建设等的支撑作用。下面从产业政策、政府制度以及数字基础设施三方面论述环保数字产业化模式发展的现实困境：

（一）产业政策针对性较低

政府围绕"环保＋数字"方面的专门性政策较少，仅在相关文件中提及环保产业与数字技术方面。在国家层面，政府在政策制定中提及环保与数字技术方面相关内容，但目前未出现以"环保数字产业"为主题的政策文件。在2019年中共中央、国务院印发《粤港澳大湾区发展规划纲要》中指出"加快节能环保与大数据、互联网、物联网的融合"。在2020年《中共中央关于制定国民经济和社会发展第十四个五年规划和二〇三五年远景目标的建议》中提到"推动互联网、大数据、人工智能等同各产业深度融合"。2021年《中共中央国务院关于新时代推动中部地区高质量发展的意见》表明"推动大数据、物联网、人工智能等新一代信息技术在制造业领域的应用创新"。

在地方层面，各省市因地制宜，根据当地的具体情况，陆续出台了发展5G数字技术相关的产业政策，比如宁夏、湖北、四川、湖南、重庆、辽宁、北京、江西、山西9个地区明确"5G＋工业互联网"专项政策。浙江省开展"5G＋工业互联网"试点示范。广东省在"5G＋工业互联网"的融合发展的过程中，支持"产业联合体"，其主要是针对垂直行业和具体园区的需求，从而对产业链进行协同创新。安徽省政府助力省级以上产业园区的发展，使其可以更快地覆盖高质量的5G信号。从地方层面来看，虽然各省市政府对数字技术的发展大力支持，但针对环保数字方面政策十分短缺，比如发展环保数字产业的地方政策、环保数字试点示范以及产业园区建设等针对性政策和项目支撑不足，制约了当前环保数字产业化的进程。

（二）政府制度供给不足

政府制度供给不足主要表现在数权法律法规不健全、政府对市场缺乏干预以及激励制度短缺等方面，使大量环保数据价值尚未充分释放，降低了环保数据挖掘的积极性，严重影响了环保数字产业化的发展。

第一，在环保数字资源共享过程中，由于数权法律法规尚未健全等问题导致当前环保数字行业数据权属不清，环保数字企业对环保数字资源的权属问题有分歧，影响企业间分工协作，从而降低了企业生产效率，严重阻碍了环保数字产业化进程。

第二，数字技术、产品、服务正在加速向各行各业融合渗透，而数据是新型生产要素，是数字经济时代交换信息、洞悉规律、挖掘价值的重要来源，但目前环保数字产业尚未形成市场化的数据确权、定价、交易机制，政府也未及时干预，缺乏对环保数字产业的市场干预，导致环保数据价值不能充分释放。

第三，缺乏数据参与收益分配、股权投资等激励制度和保障措施，使得大量环保数据尚没有投入到企业运营和产业发展中。比如平台交易型模式中环保交易平台数量少，规范化程度低，缺乏专业标准，对环保数字资源的重视和利用不够，环保数据要素价值未充分释放，在一定程度上制约了环保数据的汇聚整合，也不利于传统环保产业挖掘、释放环保数据价值来推动环保数字产业化进程。

（三）数字基础设施不完善

环保数字产业化的基础设施建设主要集中在以 ICT 为代表的相关行业。数字基础设施建设是打造环保数字产业化的重要基石，尚有需要进一步完善的空间。

数字基础设施不完善表现在以下两方面：第一，数字基础设施体系建设有待进一步提升。在数字感知、数据中心、通信网络、云计算等方面的设施缺乏完善设计，有待进一步加强数字基础设施设计。在基础设施的区域空间布局方面也存在短板。截至2020年10月，我国累计建设的5G基站超过70万个，呈现出东部沿海领先于内陆地区、南方领先于北方的特征。因此，数字基础设施建设区域发展不平衡影响环保数字产业化的区域协调发展。第二，城乡互联网普及率差距仍较大。截至2020年12月，中国农村地区互联网普及率为55.9%，城镇地区互联网普及率接近79.8%，城乡互联网普及率相差接近23.9个百分点。城乡互联网普及率差距大是数字基础设施不完善的重要表现，农村地区互联网普及率低，数字基础设施建设不完善，严重阻碍了农村地区环保数字企业的发展，制约了环保数字产业化发展。

第三节　环保服务平台模式发展困难

环保服务平台模式发展过程中面临诸多困难与挑战：一是基于政府治理的角度而言，环保服务平台经济缺乏科学的治理体系；二是基于环保服务平台经济自身发展的角度而言，平台面临线上线下联动不足、盈利渠道单一的困境。

一、缺乏科学治理体系

平台模式推动了产业体系的变革，在环保服务平台规模的扩大及其创新发展的过程中，平台被赋予更多的市场权力。为了维护平台的发展，平台通过制定准入门槛、服务准则、质量标准等来约束平台用户。在传统产业中，一个企业的做法对于整个市场而言，其影响相对较小；但对于平台来说，平台集聚了产业内多个企业，平台所制定的相关标准对整个环保服务业产生影响，甚至发展成为产业标准，这使平台在发展过程中拥有了市场规制能力。平台在发展过程中形成的市场权力导致适用于传统企业的治理体系不再适用，环保服务平台模式作为新业态发展迅速，与其相适应的科学治理体系尚处于缺乏状态。

二、线上线下联动不足

环保服务平台模式存在线上线下联动不足的问题。在平台运行的过程中，平台的工作重心通常放在线上界面的完善与维护，而忽视了对线下交易环节的展开进行监督管理。一方面，存在交易流程监管问题。随着平台规模的扩大，平台所展示的商品和服务方案在线下交易过程中有可能出现因监督管理不到位而导致的不符合标准的商品、服务方案等以次充好；另一方面，存在交易物流需求矛盾。对于电商型环保服务平台来说，大部分平台属于起步阶段，且环保产品不像普通电商平台出售的零售产品体积小、易运送。大部分环保服务平台缺乏足够的资金与实力自建物流配送中心，平台物流体系不够完善，多数交易由供应商寻找第三方物流进行，与平台日益增加的物流需求矛盾愈发突出。

三、平台盈利渠道单一

环保服务平台模式目前的主要营业收入来源局限于平台表面进行简单交易所收取的相关费用，如企业入驻购买平台服务向平台支付会员，企业基于平台交易成功向平台支付佣金，在平台界面展示广告支付广告费等。而平台背后更具有价值的增值服务仍未被发掘。跨境电商平台亚马逊将平台由在线零售商转型为在线交易服务商，并利用大数据将其收入支柱由产品销售收入和平台佣金转换为云计算服务AWS，平台盈利渠道拓宽，盈利收入翻倍。相比之下，我国环保服务平台目前的盈利渠道单一。背后的大数据分析、技术评估决策咨询、前沿技术预测、市场预测等增值服务有待挖掘。

第十四章　促进数字环保服务业发展对策建议

为了促进我国数字环保服务业高质量发展，基于理论分析与困境分析，从三个方面提出对策建议。

第一节　促进环保服务业数字化发展的对策建议

主要从优化环保服务业数字化发展环境和构建环保服务业数字化模式两方面对政府和企业提出对策建议。

一、优化环保服务业数字化发展环境

为优化环保服务业数字化发展环境，政府可通过建设环保服务企业数字化服务平台、为环保服务企业提供优质数字技术供应商名录和积极发展第三方服务机构建设跨产业的信息沟通机制；通过建设财政支撑体系、构建完善的技术产权保护机制和维护机制、加大对人才的培养和构建数字技术成果转换机制构建全方位政策支持体系。

（一）建设跨产业的信息沟通机制

建设跨产业的信息沟通机制是解决环保服务业与数字产业的信息不对称，降低环保服务企业搜寻成本，提高数字化转型效率的关键。

1. 建设环保服务企业数字化服务平台

通过平台将环保服务企业和数字技术供应商有效连接，形成高效的信息沟通机制。对数字技术供应商来说，通过汇总平台上环保企业的转型难点、痛点和转型核心业务，从而精准把握环保服务业数字化的核心业务需求，研发针对性的数字技术，提供针对性的数字化转型解决方案。对环保服务企业来说，通过平台对相关数字技术供应商的规模、数字技术水平、合作成功案例的相关介绍，增加对数字技术供应商的了解，提高对数字技术供应商的数字技术使用性的甄别能力，有效减少转型时间成本。

2. 政府为环保服务企业提供优质数字技术供应商名录

虽然信息交流平台能够有效增加环保企业和数字技术供应商之间的了解，但因技术壁垒的存在，环保企业对数字技术供应商的甄别并不完善。政府掌握着大量社会资源，可利用其资源优势通过组织相关专家对数字技术供应商进行技术适用性甄别，为环保企业提供优质数字技术供应商名录，从而降低环保企业的搜寻成本，提高数字化转型效率。

3. 积极发展第三方服务机构

政府通过培育一批具有技术、资金、人才优势的第三方服务机构解决环保服务企业数字技术整体研发能力不足的问题。第三方服务机构通过专业化的研发、服务能力为企业提供数字技术应用的解决方案，并在企业数字化转型中提供指导服务，使环保企业专注于自身业务的发展。

（二）构建全方位政策支持体系

政府构建全方位的政策支持体系可以从财政、产权保护、人才培养、技术成果转换等方面入手。

1. 建设财政支撑体系

首先，应充分发挥财政资金对环保服务企业数字化转型的引导作用，设立并统筹环保服务企业数字化转型专项资金，加大对数字基础设施建设、数字技术研发和公共服务平台的资金投入。其次，对环保服务企业实行减税、免税的税收政策，降低中小企业数字化转型的资金压力。最后，针对目前我国政策向大型企业倾斜的现象，要加大对中小企业的支持力度。鼓励金融机构构建质押融资等机制缓解中小企业的数字化转型压力。政府通过成立相应的基金会与环保企业开展PPP合作模式，为中小企业提供多渠道的资金来源。

2. 构建完善的技术产权保护机制和维护机制

为应对数字技术窃取、外漏等企业合作风险，政府应不断完善技术产权保护的法律，并加强对数字技术产权的行政执法，提高对技术窃取等违法行为的界定能力，并加大对技术窃取企业的惩治力度。同时，对企业加大技术保护的宣传，呼吁企业及时利用法律维护自身权益，营造良好的社会氛围。

3. 加大人才培养力度和人才引进的投入力度

鼓励企业与高校和科研院所合作建立数字技术成果转换机制和复合型人才培养机制，培养学术型和技能型人才，提高数字技术成果转换效率。同时，加大对人才引进的投入力度，通过股权激励、项目分红等多种途径引进人才，以期在企业数字化转型中发挥作用。

4. 构建数字技术成果转换机制

发挥市场在技术成果转化中的决定性作用，建立技术成果市场导向和利益分配机制，为环保服务业数字化发展提供便利。同时，加强财政、产业、金融等政策协同，提高政府数字技术成果转化公共服务能力，提供良好的数字技术成果转化环境。最后，政府通过政策引导，促进社会资本对数字技术的研发和转化投入，推动建立多元化的科技成果转化资金投入体系，降低环保服务业数字化转型成本。

二、构建环保服务业数字化模式

环保服务企业可通过制定科学的数字化转型战略以及根据选取的数字化模式采取不同措施实现数字化转型。

（一）制定科学的数字化转型战略

企业应基于数字化转型目标制定科学的数字化转型战略，规划清晰的数字化路径，并根据企业自身情况选择合适的数字化模式，从而实现效率和效益的提升。企业制定数字化战略可从以下几方面入手：

1. 制定科学的战略规划

企业需要根据自身内部资源情况和外部市场的发展趋势选择适合自身发展的数字化模式并由此制定详细的数字化战略规划和数字化实施路径。企业的领导者应立足于企业的顶层设计，使得数字化战略能够自上而下在企业内部落实。同时，在企业数字化转型过程中，要确定数字化转型的目标和起点。由于存在技术壁垒，环保服务企业在数字化转型中可以单个业务模块为数字化转型起点，这样能够有效规避数字化转型过程中存在的资源浪费，同时为企业全方位的数字化转型提供经验。

2. 制定人才培养和引进制度

环保服务企业数字化转型需要精通环保业务和技术的数字化人才，数字化人才的数量和质量决定企业转型效率。环保企业可通过与高校、科研院所合作，共同培养数字化人才。具体而言，通过与高校、科研院所签订战略同盟，设立数字化人才孵化培养机制，共同培养数字化人才。同时，企业可创办数字化人才培养基金，投入到高校和研发机构，并通过创建数字技术成果展示平台展示先进数字技术和项目，从而发掘人才。

3. 重视企业组织结构的优化

企业的数字化转型并不是通过引入并应用数字技术就能实现的，企业组织结构应当与数字技术应用相匹配。因此，在企业数字化转型过程中，企业应对组织结构不断优化，构建具有敏捷性的扁平化组织，以快速响应企业战略决策。

（二）根据选取的数字化模式采取不同措施

环保服务企业在制定科学的数字化战略后，也要对自身数字技术能力、资源整合能力、行业影响力等方面进行整合，根据自身情况选择合适的数字化模式。前文根据数字技术的来源渠道不同将环保服务业数字化模式分为外部技术助力型模式和数字生态赋能型模式，下面就由此分类标准对选择上述两种模式的企业提出对策建议：

对于选择外部技术助力型模式的企业来说：首先，由于其数字技术自主研发能力较弱，需要与数字技术供应商合作，由此存在着信息不对称的问题，造成搜寻成本过高、数字技术供给和数字化转型方案不匹配。对此，企业可通过政府和环保协会主导的环保服务平台对数字技术供应商的资质、规模、相关的数字化解决方案进行了解，降低企业搜寻成本。其次，企业在数字化转型中可以业务模块为数字化转型的起点，通过为单一模块数字技术赋能，对数字化转型的过程、难点有深入了解、积累经验，从而为企业的全方位数字化打好基础。最后，企业应创新数字化产品和服务，实现商业模式变革，开拓新的盈利点。

对于选择数字生态赋能型模式的企业来说：一是要整合内外部资源，构建以自身为中心，企业、政府、高校、科研机构、中介机构多主体共生共建的数字生态圈。同时，构建数字技术成果转化机制和数字技术合作平台，通过与高校和科研院所合作实现成果共享，提高自身数字技术水平和人才储备。二是要建立并完善利益协商制度。在企业合作前，通过协商机制确定利益的分配原则，确定企业的权利和义务，将企业所应承担的责任制度化，进而规避企业因利益纷争影响企业间合作。同时，可引入第三方机构如环保协会等充当公证人，对利益分配进行公证和评价。三是完善知识产权保护机制。通过申请专利等方式对企业独自研发的技术进行知识产权界定，为企业防范数字技术窃取风险、数字技术外漏风险提供保障。四是设立环保产业链内部协调机制，确保环保产业链上下游企业在数字化转型方向和数字化转型进程上基本保持一致，在上下游企业间形成交易协同、物流协同、财务协同，保障生产经营过程的流畅，从而降低产业链上下游企业的时间成本，提高全产业链效率，实现环保服务业数字化转型。

第二节　促进环保数字产业化的对策建议

基于环保数字产业化理论与困境分析，从人才、技术、产业集群以及政府四个方面阐述促进环保数字产业化的对策，以充分发挥环保数字产业化模式的产业效应。

一、培育环保数字复合型专业人才

人才是环保数字产业化的重要驱动力。通过健全环保数字复合型人才培育体制、打造创新人才培养平台以及建立完善人才就业培训体系，解决当前环保数字产业化面临的人才发展困难，为环保数字产业化发展提供强大人才支撑。

（一）打造环保数字复合型人才培育体系

1. 做好环保数字复合型人才发展体制改革创新，下好环保数字人才"先手棋"

政府对环保数字复合型人才提前开展市场需求预测，动态发布环保数字复合型人才集聚政策，组建环保数字产业发展专家委员会，为保障环保数字产业化方面的技术开发、基础研究起到重大战略咨询作用。一方面对现阶段的环境数字复合型人才培养工程进行整合；另一方面根据环保数字复合型人才培养在不同发展时期构建起针对性的人才培养制度，进一步优化现行职称评估制度，使职称评价和环保数字复合型人才培养制度有效地融合。同时通过二次追加培养与依据绩效淘汰相结合的动态培养制度，对环保数字复合型人才培养绩效实施管理。为创造更加良好的环保数字复合型人才培养成长条件，国家财政应强化对环保数字复合型人才培养的财政投入，支持国家重点环保数字基础设施建设，形成健全的人才培养引导经费稳定增长机制和经费监管使用评估制度，在经费等方面有效保证环保数字复合型人才培养。构建完善的人才引进经费稳定增长机制和资金管理使用评价机制，从资金要素方面保障环保数字复合型人才培养。结合数字技术和环保数字产业化发展特征，加快环保数字方面人力资源体制改革，加速形成环保数字复合型人才队伍培养体系，促使人才要素价值充分发挥。

2. 完善人才服务体系，切实提高环保数字人才创造力

由于存在高素质人才供需不匹配、高学历人才配置不合理以及人才就业区域分布不均衡等现实困境，因此，需要着力推进环保数字人才服务体系建设，为各层次人才提供服务保障。针对中低素质和中低学历环保数字人才，在环保数字企业内部通过设置股权和分红以及培训体系，激励中低水平环保数字人才创新积极性，提高中低水平环保数字人才创新能力，为环保数字产业化注入新动能，推进环保数字人才合理配置，充分释放环保数字人才的创造力。

（二）搭建创新型环保数字人才培养平台

1. 建设高水平一流学校，打造高水平人才校园培养平台

一方面，为了使科研院校培养的环保数字人才与市场需求高效对接，着力推进高水平一流学校建设，优化高校学科专业结构，强化环保数字相关学科建设，创建国际一流的"国家数据大学"，针对环保领域以及数字领域开展重点研究。另一方面，以人才建设推动"双一流"大学建设，通过招聘顶级环保数字学科人才，加强师资队伍建设，强化高水平大学建设，为高校人才培养提供优质师资环境。

2. 加强校企联动，打造产学研平台

科研院校是创新的重要发源地，也是数字技术领域高质量发展的重要基地。搭建环保数字产学研平台，一方面，要加强校企联动，推进高校以及科研机构与龙头先进企业深度合作。通过提升职业院校建设中环保数字龙头企业参与度，从而提升职业院校的人才培养力。另一方面，加大绿色低碳、数字经济、环保数字服务等领域技术研发力度，打造环保数字生态环境，大力吸引高素质人才集聚。

3. 发挥园区和集群优势，建立环保数字人才培养平台

依托当前大型环保产业园区和环保产业集群的规模优势，融合数字经济与环保实体经济，建设重点人才实训平台，为环保数字复合型人才发展提供专业化培养平台。

（三）完善环保数字人才就业培训体系

当前，针对环保数字产业化中的人才配置不合理、分布不均衡问题，要建立完善的环保数字人才就业培训体系。一方面，相关院校在专业课程开设中增加专业技能培训，增加环保数字技能考核。加大培训内容与岗位需求的结合度，保障人才与岗位相匹配，提升从业人员素质水平的同时，实现充分就业。另一方面，环保数字企业对新入职员工要进行统一培训，经过培训后的人员上岗，从而保障环保数字复合型人才素质，以提升人才与工作的适配度。最后，针对中低学历的环保数字人才，开设环保数字人才就业培训指导机构，为中低学历人才提供继续学习的机会，提升中低人才从业素质。开展环保数字职业培训工作，根据用人企业需求，对人才进行专业知识、操作技能、学习能力以及创新能力等方面的全方位培养，提高培训人才的岗位适应度。此外，调整授课模式及内容，强化人才实际操作能力，开展相关技能考核，采取发放职业技能证书的形式，保障中低学历环保数字复合型人才顺利就业。

二、重视技术对环保数字产业的带动作用

重视技术对环保数字产业的带动作用，加强环保数字核心技术突破，鼓励环保数字企业加大技术创新投入，搭建技术创新孵化平台，克服环保数字产业化面临的技术水平滞后困境，发挥技术对环保数字

产业化的推动作用。

（一）加强环保数字核心技术突破

1. 实施项目工程，掌握技术发展主动权

加强环保数字核心技术攻关，围绕环保数字产业需求开展重点技术突破，提高环保数字产业的市场竞争力。组建大型环保数字科技基础研究工程、科技攻关工程以及技术应用工程，力争突破环保数字相关领域核心技术，推动重大环保数字创新成果落地，掌握环保数字产业化主动权。

2. 鼓励企业加强技术攻关，抢占技术制高点

首先，围绕环保数字产业化的重点技术领域，强化技术突破。其次，鼓励企业率先投入研发，抢占环保数字技术制高点，提高产品研发效率，打造环保数字产品优质品牌。最后，鼓励企业结合市场需求，加强个性化产品设计研发，提高产品的市场覆盖率。

（二）鼓励企业加大环保数字技术创新投入

1. 充分发挥环保数字企业技术创新的主体作用

重点培育环保数字技术创新型龙头企业。以企业发展规模以及企业研发团队实力为选择依据，确定重点培育名单，并着重培养，强化龙头企业技术研发能力，提高龙头企业技术研发实力，提升企业的区域竞争力。

2. 支持创新型环保数字产业企业孵化

政府着力推进"楼宇孵化"项目，促进闲置楼宇向创业孵化基地转化，有效盘活闲置资源，同时也能促进环保数字产业集聚，提高研发效率。通过推进"专精尖"计划，培育技术创新带头企业，帮助环保数字中小企业实现技术攻坚。

（三）搭建环保数字技术创新孵化平台

1. 强化技术创新服务平台建设，为环保数字技术创新提供有力支撑

围绕环保数字产业化重点领域，搭建强大企业技术孵化平台，为技术落地提供全程配套设施支持、专业化技术服务，培育具备完善服务功能以及专业化服务模式的平台载体，依托孵化平台载体，高效配置资金、人才、技术以及服务等要素，提供高效便捷的技术创新孵化平台。

2. 推进科技研发平台建设，加强环保数字产业化关键技术攻关

为推进环保数字产业化技术孵化，提高环保数字企业的创新能力和水平，充分依托科研院校以及龙头企业，加强校企联动，结合环保数字产业化技术需要，搭建科技研发平台，提高技术创新孵化效率，加快环保数字产品研发落地，进一步提高企业技术掌握程度，强化企业技术研发能力。

三、打造高质量环保数字产业集群体系

加强环保数字企业间分工协作，壮大龙头企业规模，高质量招商引资，提升环保数字产业集中度，形成环保数字产业空间集聚体，打造高质量环保数字产业集群体系，加快环保数字产业集群发展。

（一）加强环保数字企业间分工协作提升产业集中度

马歇尔的外部规模经济理论认为，某个工业定位于某个地区后，就会产生长期性和依赖性；相关厂商更倾向于在劳动力相对集中的区域设厂，结合就业与地域优势，形成产业集聚效应。因此，通过加强环保数字企业间分工协作，提升环保数字产业的产业集中度，从而发挥环保数字产业集群的产业集聚效应。

根据环保数字产业集群的发展定位，确定产业集群的发展目标和实现路径，通过专业化分工，加强企业间分工协作，提高企业间关联性，进而促进企业加强集聚。通过专业化分工，进一步培育企业优势，引导中小企业向专业化方向发展。此外，要加强中小型环保数字企业与龙头环保数字企业的深度合作。加强前沿性技术、关键性技术的合作研发，通过技术溢出效应提升中小型环保数字企业的技术水平。马歇尔认为产业集群能够吸引与产业生产相关的物质、技术、劳动力、相关配套服务等生产要素，从而扩大生产规模。因此，技术合作会进一步吸引中小型环保数字企业向龙头企业移动，从而壮大集群规模，提升环保数字产业的集中度。

（二）壮大环保数字龙头企业规模扩大企业辐射力

壮大环保数字龙头企业发展规模，提高龙头企业的带动力以及辐射力，打造高质量环保数字产业集群体系。龙头企业在行业发展中具有关键性的主导作用和协调作用，是行业发展的重要推动力。龙头环保数字企业可基于得天独厚的自然条件，坚持就近就地原则，充分利用互联网数字技术，突破时空限制，拓宽环保数字产品经营范围、渠道，不断壮大发展规模，获得规模经济优势，进一步提高企业龙头企业发展优势。

1. 紧抓环保数字产品特色

充分研究环保数字市场需求，结合环保数字企业当地资源优势和企业自身实际经济情况，突出一业，兼顾其他，重点培育特色明显、附加值高的特色产品，不断扩大，实现规模化品牌化发展。

2. 推进环保数字产品产业化发展

在产品特色化基础上，加大环保数字产品的数字技术含量，优化环保数字产品结构，提高环保数字产品商品转化率，增强环保数字产品附加价值，逐步形成规模化、产业化发展模式。

3. 形成环保数字产品优势品牌

通过对环保数字产品的进行精细化加工以及特色化包装，形成产品特色。此外，对环保数字产品的具体功能进行深入挖掘、充分开发，打造具备强竞争力的优势特色环保数字产品品牌，提高龙头企业知名度，从而进一步提升龙头企业的市场辐射力，加强对相关企业的吸引力，促进产业集聚，为环保数字产业集群的发展提供良好发展环境。

（三）高质量招商引资加速环保数字集群发展

环保数字产业应统筹产业集群布局，推动环保数字园区按照环保数字产业化发展定位，聚焦引进主导和特色产业项目，围绕环保数字产业化发展方向，引进优秀环保数字企业、关键性环保数字技术，促进环保数字产业集群化、高端化、专业化发展。

1. 开展总部经济招商，加强对优秀企业的吸引力

深入推进总部经济建设，重点吸引"三类500强"、上市公司进环保数字园区设立总部、技术中心等优质机构，打造国际总部经济中心、总部经济集聚示范区；着重引进一批规模档次高、品牌影响力大、市场竞争力强的外向型环保数字大企业，打造外向型经济集聚示范区；积极推动环保数字企业、资本、人才、科技多领域回归，吸引优质环保数字企业整体搬迁到环保数字园区或环保数字产业集聚区。

2. 突出精准打靶，开展环保数字产业链招商

以产业链配套、供应链整合、价值链增值为目标，加强环保数字产业招商资源统筹，构建区域招商联盟和招商引资智库。瞄准产业链关键环节的优质环保数字企业，大力引进高质量环保数字产业项目；

瞄准北上广深等大城市"退二进三"的良好机遇，梳理一批有转移意向的优质企业，通过上门招商、驻点招商进行集中攻坚；依托现有龙头环保数字企业、上市环保公司和上市数字科技公司、高成长型环保数字企业，对现有的配套招商产业进行梳理，大力开展"以商招商、二次招商"，提高对大项目、集团以及上下游配套产业的吸引力，促进优质资源集聚。

3. 加强招商队伍建设，提升招商能力

按照"专业、专职、专人、专注"的要求充实和优化环保数字产业招商队伍，针对环保数字产业组建招商队伍，采用公开选拔或推荐选拔等方式合理化招商，鼓励针对重点产业链选用招商代理队伍；定期选拔素质好、专业技能强的优秀人员从事环保数字产业集群区的招商工作。从集群区的招商引资队伍中选拔优秀人才到发达产业集群区学习先进经验；统筹制定招商引资人才定期培训计划，对招商骨干进行专业培训，提升环保数字产业集聚区招商队伍的能力和水平。

四、强化政府的带头引导作用

日本学者仲上键一认为，环保产业的发展离不开严格的法规建设和环境管制的驱动作用，因此，政府是产业发展的主要动力源。强化政府的带头作用，加强环保数字产业监督管理，健全政府扶持体系，进一步夯实数字基础设施建设，为环保数字产业化发展提供强大政府保障。

（一）加大环保数字产业监管保障力度

1. 健全环保数字产业市场准入制度

政府相关部门加快完善行业准入标准，健全环保数字产业市场管理机制，预防企业间恶性竞争，维持产业内部稳定，促进环保数字产业稳定有序发展。明确行业监管处罚明细，加强市场监管力度，加大对恶性竞争事件的处罚力度，营造良好环保数字产业市场竞争氛围。

2. 规范环保数字平台运营标准

由于缺乏第三方认证以及行业标准，环保数字平台企业的优劣甄别度较低。因此，要强化政府的平台标准规范，确保环保数字平台的规范性和安全性，保障消费者合法权益，推动环保数字平台健康发展；此外，政府还要强化主体作用，着力推进环保数字平台建设，聚焦于环保数字平台具体的应用场景，打造环保数字平台应用标准体系，健全环保数字产业的行业标准，推动环保数字平台运营向规范化方向发展。

3. 规范劳动关系保障就业者劳动权益

环保数字产业化发展使传统的就业形式发生转变，使工作地点、时间以及方式的自由度更高，促进用人单位与从业人员间的劳动关系形式向多样化方向发展，也进一步增加了环保数字产业从业人员的权益保障方面的难度。首先，明确劳动关系程序，规范环保数字产业从业人员的劳动关系。其次，对现有的劳动保障法案进行修订和完善，有效保障环保数字产业从业人员的权益。最后，增设环保数字产业从业人员就业权益保障部门或窗口，畅通从业人员信息反馈渠道，优化环保数字产业劳动者服务，精准对接从业人员的劳动需求，为环保数字产业就业群体权益提供保障。

（二）拓宽政府金融保障渠道

1. 健全环保数字金融政策体系，强化政府支持作用

设置环保数字创新项目专项资金以及政策贷款，加大政府财政补

贴力度，提供政府税费减免支持，拓宽环保数字企业发展的金融渠道；制定针对性提升计划，设立专项科研基金，为关键性环保数字技术引进以及优质环保数字项目引进提供资金支持，支持环保数字核心技术研发，为环保数字企业核心技术研发提供金融服务。

2. 设立环保数字产业发展专项基金，拓宽产业投资渠道

创立环保数字知识产权基金以及环保数字协同创新基金，拓宽环保数字产业的投融资渠道。以资金支持推动融资形式多样化，以资金支持满足企业多样化创新需求，加大环保数字成果转化力度，促进环保数字产业化发展。此外，围绕环保数字产业的资金链条布局，汇集社会资金，推动数据研发机构直接向环保数字企业输送数据以及信息服务。

3. 支持环保数据交易，释放环保数据红利

吸纳实体经营企业投入，组建环保数字产品大数据交易中心，实施股份制运作，履行推动环保数据流通贸易、环保数据融合使用和公共服务环保数据管理等职责。充分发挥环保数据交易中心在环保数字产业化中起关键的枢纽功能，高效推动环保数据资源共享，促进环保数字企业发展壮大。

（三）提高数字基础设施政策针对性

提升新基建的针对性，实现其"适当发展"。由于区域环保数字产业的发展基础各不相同，因此要加强对新基建的投资结构的优化力度，对新基建进行合理布局，提升新基建在西部地区的针对性。这种针对性主要表现为两点：一是新基建投资领域的针对性；二是新基建建设的地区针对性。前者要求西部地区结合本地区要素禀赋，汇集数据信息等多种新型生产要素，抓住数字化机遇，针对新基建的重点领

域进行重点突破；后者需要对各省市发展新基建的潜力和新基建的需求规模、结构等进行科学预测分析，选择符合条件的省市优先发展新基建。一般来说，首要考虑在产业基础好、具备国家战略优势以及资源要素禀赋相对充足的区域重点推进新基建。

环保数字基础设施建设需要以政府牵头为主，协调政府与企业间关系，全面推进数字基础设施建设。为此，可采用以下途径加强环保数字基础设施建设：

1. 面向未来，政府引导

要把环保数字基础设施建设规划成为发展环保数字技术产业化的先导性工作和关键基础设施保障，而不能只局限于短期的经济刺激。通过出台"环保数字基础设施建设战略"以及"环保数字基础设施建设行动指南"等政策文件，加大对社会各界参与"新基建"的吸引力，调动社会各界参与新基建的积极性。同时，为避免由环保数字基础设施的产能过剩和资源浪费引起的地方政府财政负担加重问题，应规避地方政府在"新基建"领域中的短期性行为。

2. 合理分工，企业先行

正确处理好政府与市场的关系，充分发挥市场的自我调节作用，保障环保数字基础设施建设顺利推进。政府掌握环保数字产业发展全局，制定环保数字基础设施发展规划，通过基础设施建设为环保数字产业化提供发展支撑，并对"新基建"中具有非竞争性的公共物品提供资金支持。要充分调动环保数字企业的积极性，在具有公共物品性质的基础设施领域，通过 PPP 模式的应用，提高私营企业和民营资本在基础设施建设过程中的参与度，为环保数字产业化提供基础设施建设提供资本支持。

3. 需求引导，政府支持

环保数字产业化离不开环保数字基础设施的支撑作用，随着环保数字产业规模不断扩大，对环保数字基础设施的需求量不断提高，进一步推动了环保数字基础设施建设进度。例如，以新能源汽车为例，新能源汽车的发展速度和保有量决定了充电桩设施的建设。对于环保数字产业的发展，政府的重点工作应从公共利益出发，为企业发展创造良好的发展环境，吸引企业在环保数字产业的投资和创新，并随着产业规模的进一步扩大，带动市场对环保数字基础设施的需求增长。政府支持为基础设施建设提供重要保障。例如在新能源汽车领域，政府应根据环保产业发展目标设定能耗标准和减排目标，对达到能耗标准和减排目标的产品给予补贴。通过政府补贴激励环保数字企业的竞争，由此夯实数字基础设施建设，创造环保数字产业化良好发展环境。

第三节　环保服务平台发展对策建议

环保服务平台模式作为数字经济时代环保服务业发展的新业态，需要从政府治理和平台自身发展两个角度采取积极的发展对策措施。

一、政府治理角度

（一）创新环保服务平台模式监管理念

国务院办公厅 2019 年印发的《关于促进平台经济规范健康发展的指导意见》（以下简称《意见》）提出，创新监管理念和方式，实行包容审慎监管。探索适应新业态特点、有利于公平竞争的公正监管办法，分领域制定监管规则和标准，在严守安全底线的前提下为新业态发展留足空间。政府必须充分地认识和预见到环保服务平台所集聚的信息的公共价值和平台的市场权力。该模式的出现给传统环保服务业带来巨大变革。因此，从政府角度出发，要提高平台意识，应更新对环保服务平台的认识和管理，结合环保服务平台模式的新业态特点，制定监管规则和标准，引导环保服务平台合理运用平台数据资源，主动承担社会责任。

（二）科学构建环保服务平台模式治理体系

《意见》提出，科学合理界定平台责任，建立健全协同监管机制，积极推进"互联网＋监管"。针对环保服务平台而言，对于独立市场主体的监管机制将不再适用，政府需转移工作重心到对平台的监督管理上，科学构建环保服务平台模式治理体系。一是创新适用于平台模式的监督管理机制，政府采取监管手段的同时需引导环保服务平台进行自管自治，主动对平台自身采取严格的监管措施；二是加强政府的监管力度，尤其是针对环保服务业小企业较多的特点，更要防止环保服务平台出现区别对待不同市场主体的现象。政府可通过颁布相关法律法规，构建监管平台措施，监督平台运行，保障平台的合法性。

二、平台发展角度

（一）加强线上线下联动

从平台的线上下单到交易成功，平台应完善对交易系统的监管，建立精准跟踪机制，利用数据分析技术分析通过平台交易收集到的需求商产品服务偏好和供应商产品服务质量，为需求商和供应商提供精准的产品服务。建立健全投诉和举报反馈机制，避免出现供应商以次充好的现象，保证需要维权的需求商投诉举报及时受理并得到妥善解决。做好售后和相关支持性服务，时刻关注需求商和供应商是否需要平台提供物流保障、金融融资等相关服务，为平台交易主体提供更优质服务。

（二）改善平台物流体系

平台需从多方面完善物流体系，为需求商提供优质的物流服务。第一，与第三方、第四方物流公司合作。为合作平台提供专业的解决方案。与第三方、第四方物流公司合作使平台在享受专业的物流运输服务的同时，节省了部分成本，减少了管理的繁琐，同时利于平台进行跟踪服务，完善物流保障。第二，提供个性化的物流服务。在崇尚个性化服务的时代，面对不同地区和企业要求，环保服务平台可通过对数据的收集分析为拥有不同物流需求的需求商提供个性化、定制化的物流服务，提高平台的市场竞争力。

（三）拓展平台盈利渠道

随着环保服务平台的大规模发展和互联网技术的全面应用，环保服务平台的收入来源不应局限于平台费用和商家佣金，获利渠道应该朝着多元化发展。第一，开放平台功能体系。环保服务平台在发展过程中，可通过开放更多的平台功能，拓展平台业务，如帮助商家完成品牌建设和项目展示设计等，以丰富多样的业务形式获得更多平台收益。第二，开发增值服务。在平台规模逐步扩大、平台体系逐步成熟的过程中淡化佣金收入，扩大对于信息处理、广告位等更有针对性的增值服务。第三，通过搜索推荐盈利。针对不同需求方的浏览重点及关键词搜索，运用互联网数据处理技术分析需求方的特定需求并提供准确地搜索推荐服务，降低需求方的搜寻成本，帮助平台获得更高盈利。

参考文献

［1］白宇飞、杨松：《我国体育产业数字化转型：时代要求、价值体现及实现路径》，《北京体育大学学报》2021 年第 5 期。

［2］布朗温·H. 霍尔、内森·罗森博格：《创新经济学手册（第二卷）》，上海市科学学研究所译，上海交通大学出版社 2017 年版。

［3］曹伟伟、华昊：《如何理解"加快推进数字产业化、产业数字化"》，《解放军报》2018 年 9 月 22 日。

［4］陈畴镛、许敬涵：《制造企业数字化转型能力评价体系及应用》，《科技管理研究》2020 年第 11 期。

［5］陈吉元：《农业产业化：市场经济下农业兴旺发达之路》，《中国农村经济》1996 年第 8 期。

［6］陈剑、黄朔、刘运辉：《从赋能到使能——数字化环境下的企业运营管理》，《管理世界》2020 年第 2 期。

［7］陈庆江、王彦萌、万茂丰：《企业数字化转型的同群效应及其影响因素研究》，《管理学报》2021 年第 5 期。

［8］陈武权：《江西省环保大数据平台建设思考》，《江西科学》2017 年第 6 期。

［9］陈卓：《"互联网 +"促进环保服务业转型升级研究与政策建

议》,《河北企业》2018 年第 2 期。

[10] 邓晴晴、李二玲:《基于网络组织视角的粮食产业化模式与优化路径》,《自然资源学报》2021 年第 6 期。

[11] 丁玉龙:《数字经济的本源、内涵与测算:一个文献综述》,《社会科学动态》2021 年第 8 期。

[12] 丁志帆:《数字经济驱动经济高质量发展的机制研究:一个理论分析框架》,《现代经济探讨》2020 年第 1 期。

[13] 董华、隋小宁:《数字化驱动制造企业服务化转型路径研究——基于 DIKW 的理论分析》,《管理现代化》2021 年第 5 期。

[14] 杜庆昊:《数字产业化和产业数字化的生成逻辑及主要路径》,《经济体制改革》2021 年第 5 期。

[15] 房进、陈卓:《互联网下环保服务业发展困境如何破解——以北京金州奥丰环境科技有限公司为例》,《现代企业》2018 年第 8 期。

[16] 冯为为:《"互联网 +"将深入推动我国节能环保产业高层次发展》,《节能与环保》2018 年第 9 期。

[17] 高小娟、高嵩、李瑞玲:《环保科技创新平台该如何搭建?》,《环境经济》2019 年第 9 期。

[18] 谷虹:《信息平台论——三网融合背景下信息平台的构建、运营、竞争与规制研究》,清华大学出版社 2012 年版。

[19] 郭朝先、刘艳红、杨晓琰等:《中国环保产业投融资问题与机制创新》,《中国人口·资源与环境》2015 年第 8 期。

[20] 国冬梅、王玉娟:《开启互通模式,实现信息共享——"一带一路"生态环保大数据平台建设总体思路》,《中国生态文明》2017 年第 3 期。

［21］郭志达：《"互联网+"时代环境污染治理转型发展的问题与对策》，《环境监测管理与技术》2017 年第 2 期。

［22］何大安、许一帆：《数字经济运行与供给侧结构重塑》，《经济学家》2020 年第 4 期。

［23］何帆、刘红霞：《数字经济视角下实体企业数字化变革的业绩提升效应评估》，《改革》2019 年第 4 期。

［24］何伟、张伟东、王超贤：《面向数字化转型的"互联网+"战略升级研究》，《中国工程科学》2020 年第 4 期。

［25］黄阳华：《德国"工业4.0"计划及其对我国产业创新的启示》，《经济社会体制比较》2015 年第 2 期。

［26］黄益平、王敏、傅秋子等：《以市场化、产业化和数字化策略重构中国的农村金融》，《国际经济评论》2018 年第 3 期。

［27］杰奥夫雷·G.帕克、桑基特·保罗·邱达利：《平台革命：改变世界的商业模式》，志鹏译，机械工业出版社 2017 年版。

［28］金星晔、伏霖、李涛：《数字经济规模核算的框架、方法与特点》，《经济社会体制比较》2020 年第 4 期。

［29］荆浩、尹薇：《彩生活：数字化驱动商业模式转型》，《企业管理》2019 年第 9 期。

［30］荆文君、孙宝文：《数字经济促进经济高质量发展：一个理论分析框架》，《经济学家》2019 年第 2 期。

［31］克莱顿·克里斯坦森、胡建桥：《创新者的窘境》，《华东科技》2019 年第 6 期。

［32］李辉、梁丹丹：《企业数字化转型的机制、路径与对策》，《贵州社会科学》2020 年第 10 期。

[33] 李建中:《经济下行压力下的生态修复产业化问题研究》,《水文地质工程地质》2020 年第 1 期。

[34] 李腾、孙国强、崔格格:《数字产业化与产业数字化:双向联动关系、产业网络特征与数字经济发展》,《产业经济研究》2021 年第 5 期。

[35] 李晓华:《数字经济新特征与数字经济新动能的形成机制》,《改革》2019 年第 11 期。

[36] 李永红、黄瑞:《我国数字产业化与产业数字化模式的研究》,《科技管理研究》2019 年第 16 期。

[37] 刘钒、余明月:《长江经济带数字产业化与产业数字化的耦合协调分析》,《长江流域资源与环境》2021 年第 7 期。

[38] 刘焕、温楠楠:《"互联网+"智慧环保技术发展研究》,《绿色环保建材》2021 年第 1 期。

[39] 刘锐、刘文清、谢涛、杨婧文、席春秀、姚逸斐、韦维:《"互联网+"智慧环保技术发展研究》,《中国工程科学》2020 年第 4 期。

[40] 刘淑春:《中国数字经济高质量发展的靶向路径与政策供给》,《经济学家》2019 年第 6 期。

[41] 刘旭、张海东、张佳新:《基于"天地空"一体化监测与综合管控的"智慧环保"项目》,《创新世界周刊》2020 年第 2 期。

[42] 刘艳龙:《论技术创新产业内扩散与社会必要劳动时间的形成》,《商业时代》2010 年第 18 期。

[43] 刘阳:《〈英国数字化战略〉之网络空间战略》,《保密科学技术》2017 年第 4 期。

[44] 刘宇航、王小平:《我国环保产业数字化升级驱动模式与对

策》,《现代企业》2021 年第 2 期。

　　[45] 吕明元:《传统产业数字化转型应向何处发力》,《经济日报》2020 年 6 月 18 日。

　　[46] 吕铁:《传统产业数字化转型的趋向与路径》,《人民论坛·学术前沿》2019 年第 18 期。

　　[47] 马磊:《"互联网 +"背景下的环保服务业发展问题研究》,《现代盐化工》2018 年第 6 期。

　　[48] 迈克尔·波特:《国家竞争优势》,李明轩、邱如美译,华夏出版社 2002 年版。

　　[49] 毛昊:《我国专利实施和产业化的理论与政策研究》,《研究与发展管理》2015 年第 4 期。

　　[50] 毛基业、陈诚:《案例研究的理论构建:艾森哈特的新洞见——第十届"中国企业管理案例与质性研究论坛(2016)"会议综述》,《管理世界》2017 年第 2 期。

　　[51] 尼克·斯尔尼塞克:《平台资本主义》,程水英译,广东人民出版社 2018 年版。

　　[52] 牛若峰:《农业产业化:真正的农村产业革命》,《农业经济问题》1998 年第 2 期。

　　[53] 潘为华、贺正楚、潘红玉:《中国数字经济发展的时空演化和分布动态》,《中国软科学》2021 年第 10 期。

　　[54] 裴长洪、倪江飞、李越:《数字经济的政治经济学分析》,《财贸经济》2018 年第 9 期。

　　[55] 戚聿东、蔡呈伟:《数字化对制造业企业绩效的多重影响及其机理研究》,《学习与探索》2020 年第 7 期。

［56］戚聿东、蔡呈伟：《数字化企业的性质：经济学解释》,《财经问题研究》2019 年第 5 期。

［57］戚聿东、肖旭：《数字经济时代的企业管理变革》,《管理世界》2020 年第 6 期。

［58］钱立华、方琦、鲁政委：《刺激政策中的绿色经济与数字经济协同性研究》,《西南金融》2020 年第 12 期。

［59］覃洁贞、吴金艳、庞嘉宜等：《数字产业化高质量发展的路径研究——以广西南宁市为例》,《改革与战略》2020 年第 7 期。

［60］秦铮、王钦：《分享经济演绎的三方协同机制：例证共享单车》,《改革》2017 年第 5 期。

［61］曲鹏：《"数字环保"对外网站技术与建设分析——以牡丹江环境保护局网站系统建设为例》,《资源节约与环保》2014 年第 8 期。

［62］单子丹、陈琳、韩琳琳、曾燕红：《数字化制造下多主体服务创新行为决策机理》,《计算机集成制造系统》2021 年第 10 期。

［63］沈克印、寇明宇、王戬勋、张文静：《体育服务业数字化的价值维度、场景样板与方略举措》,《体育学研究》2020 年第 3 期。

［64］史普润、曹佳颖、陈杰：《数字时代企业环境审计模式创新——基于环保政策响应机制的研究》,《南京审计大学学报》2021 年第 5 期。

［65］孙轩、单希政：《智慧城市的空间基础设施建设：从功能协同到数字协同》,《电子政务》2021 年第 12 期。

［66］孙永鹏：《试论大数据技术在生态环境保护领域的应用架构及相关技术》,《中小企业管理与科技》2021 年第 2 期。

［67］田寒、王小平：《环保产业数字化转型的影响因素分析和对

策建议》,《河北企业》2021 年第 4 期。

　　［68］童年成:《论市场经济的相对过剩运行特性》,《中国流通经济》2012 年第 12 期。

　　［69］王爱华、修翠梅、吴利民、杨仙瑜:《浅析数字经济视域下新型智慧城市的建设思路——以德宏州为例》,《智能城市》2020 年第 17 期。

　　［70］王春英、陈宏民:《数字经济背景下企业数字化转型的问题研究》,《管理现代化》2021 年第 2 期。

　　［71］王果:《基于平台经济的我国服务外包产业发展研究》,《国际经济合作》2014 年第 8 期。

　　［72］王建冬、童楠楠:《数字经济背景下数据与其他生产要素的协同联动机制研究》,《电子政务》2020 年第 3 期。

　　［73］王洁:《产业集聚理论与应用的研究》,博士论文,同济大学经济与管理学院,2007 年。

　　［74］王节祥、蔡宁、盛亚:《龙头企业跨界创业、双平台架构与产业集群生态升级——基于江苏宜兴“环境医院”模式的案例研究》,《中国工业经济》2018 年第 2 期。

　　［75］王舒娅:《我国智慧环保发展现状与前景》,《中国信息界》2020 年第 5 期。

　　［76］王松华、廖嵘:《产业化视角下的非物质文化遗产保护》,《同济大学学报（社会科学版）》2008 年第 1 期。

　　［77］王威、朱京海:《基于大数据的辽宁智慧环保新思路》,《环境影响评价》2016 年第 2 期。

　　［78］王伟光、马胜利、姜博:《高技术产业创新驱动中低技术产

业增长的影响因素研究》,《中国工业经济》2015 年第 3 期。

[79] 王小平等:《产业绿色转型与环保服务业发展》,人民出版社 2017 年版。

[80] 王小平、陈卓、刘天奥、房进:《"互联网 +"促进环保服务业转型升级问题研究——兼析完善绿色环保价格的建议》,《价格理论与实践》2018 年第 11 期。

[81] 王小平、李素喜、于小溪、刘宇航等:《京津冀环保产业协同发展理论与实践探索》,《价格理论与实践》2021 年第 2 期。

[82] 王影、赵裕平:《基于绿色供应链系统的企业环保信息集成平台研究》,《情报探索》2017 年第 9 期。

[83] 吴殿廷、赵林、张明等:《新型产业化:内涵、特征与发展机制》,《西北师范大学学报 (自然科学版)》2017 年第 1 期。

[84] 吴宏基、岳江静:《基于大数据的垃圾分类智能化应用研究》,《营销界》2020 年第 35 期。

[85] 吴丽华:《"互联网 +"智慧环保生态环境多元感知体系发展研究》,《化工管理》2020 年第 2 期。

[86] 夏杰长、肖宇:《以服务创新推动服务业转型升级》,《北京工业大学学报 (社会科学版)》2019 年第 5 期。

[87] 夏鲁惠、何冬昕:《我国数字经济产业从业人员分类研究——基于 T-I 框架的分析》,《河北经贸大学学报》2020 年第 6 期。

[88] 肖静华、谢康、吴瑶:《数据驱动的产品适应性创新》,《北京交通大学学报 (社会科学版)》2020 年第 1 期。

[89] 谢富胜、吴越、王生升:《平台经济全球化的政治经济学分析》,《中国社会科学》2019 年第 12 期。

［90］谢丽文：《从税收变化看广东数字产业化竞争力》，《新经济》2020年第1期。

［91］谢子远：《高技术产业区域集聚能提高研发效率吗？——基于医药制造业的实证检验》，《科学学研究》2015年第2期。

［92］熊和平、杨伊君、周靓：《政府补助对不同生命周期企业R&D的影响》，《科学学与科学技术管理》2016年第9期。

［93］徐晋：《平台经济学》，上海交通大学出版社2007年版。

［94］徐晋、张祥建：《平台经济学初探》，《中国工业经济》2006年第5期。

［95］亚历克斯·莫塞德、尼古拉斯·L.约翰逊：《平台垄断：主导21世纪经济的力量》，杨菲译，机械工业出版社2017年版。

［96］闫德利：《数字经济的兴起、特征与挑战》，《新经济导刊》2019年第2期。

［97］严若森、钱向阳：《数字经济时代下中国运营商数字化转型的战略分析》，《中国软科学》2018年第4期。

［98］严兴祥：《智慧环保数据中心设计分析研究》，《科技创新导报》2017年第9期。

［99］杨大鹏：《数字产业化的模式与路径研究：以浙江为例》，《中共杭州市委党校学报》2019年第5期。

［100］杨继东、叶诚：《制造业数字化转型的效果和影响因素》，《工信财经科技》2021年第4期。

［101］杨佩卿：《数字经济的价值、发展重点及政策供给》，《西安交通大学学报（社会科学版）》2020年第2期。

［102］杨伟、刘健、周青：《传统产业数字生态系统的形成机制：

多中心治理的视角》,《电子科技大学学报(社科版)》2020年第2期。

　　[103]杨伟、周青、郑登攀:《"互联网+"创新生态系统:内涵特征与形成机理》,《技术经济》2018年第7期。

　　[104]杨学军、陈爱忠:《数字环保环境预警与平台建设研究》,《生态经济》2015年第3期。

　　[105]杨学军、周聿泓:《基于智慧化的数字环保一体化平台建设与研究——以深圳为例》,《环境》2015年第S1期。

　　[106]杨卓凡:《我国产业数字化转型的模式、短板与对策》,《中国流通经济》2020年第7期。

　　[107]叶秀敏:《平台经济促进中小企业创新的作用和机理研究》,《科学管理研究》2018年第2期。

　　[108]于劲磊、江丽、杨杰、王越、周微:《物联网+大数据技术在页岩气开发环保领域应用探索》,《广东化工》2021年第3期。

　　[109]于小溪、王小平:《数字经济推动河北省环保产业信息增值研究》,《河北企业》2021年第3期。

　　[110]于小溪、王小平:《新基建视角下环保产业数字化升级模式》,《现代企业》2021年第6期。

　　[111]曾德麟、蔡家玮、欧阳桃花:《数字化转型研究:整合框架与未来展望》,《外国经济与管理》2021年第5期。

　　[112]张晨、田鑫:《高技术产业对传统工业的技术溢出效应研究》,《宏观经济研究》2021年第5期。

　　[113]张路娜、胡贝贝、王胜光:《数字经济演进机理及特征研究》,《科学学研究》2021年第3期。

　　[114]张梦瑶、王小平:《新发展阶段河北省环保产业发展研

究——基于京津冀协同发展视角》,《河北企业》2021年第4期。

[115]张明之、梁洪基:《全球价值链重构中的产业控制力——基于世界财富分配权控制方式变迁的视角》,《世界经济与政治论坛》2015年第1期。

[116]张鹏:《数字经济的本质及其发展逻辑》,《经济学家》2019年第2期。

[117]张骁、吴琴、余欣:《互联网时代企业跨界颠覆式创新的逻辑》,《中国工业经济》2019年第3期。

[118]张晓民、金卫:《以新型基础设施建设推动经济社会高质量发展》,《宏观经济管理》2021年第11期。

[119]张旭昆:《互联网三重产业效应下寡头垄断如何应对》,《探索与争鸣》2021年第2期。

[120]张镒、刘人怀、陈海权:《平台领导演化过程及机理——基于开放式创新生态系统视角》,《中国科技论坛》2019年第5期。

[121]张越、刘萱、温雅婷、余江:《制造业数字化转型模式与创新生态发展机制研究》,《创新科技》2020年第7期。

[122]张中正、赵庆蔚:《我国生态农业产业化发展问题与对策研究》,《农业经济》2021年第8期。

[123]赵剑波:《企业数字化转型的技术范式与关键举措》,《北京工业大学学报(社会科学版)》2021年第1期。

[124]甄欣、游波:《环保污染源数据动态更新机制研究》,《计算机光盘软件与应用》2014年第5期。

[125]中国科学院科技战略咨询研究院课题组:《产业数字化转型:战略与实践》,机械工业出版社2020年版。

［126］中国信息通信研究院：《中国数字经济发展白皮书（2017年）》。

［127］中国信息通信研究院：《中国数字经济发展白皮书（2020年）》。

［128］祝合良、王春娟：《"双循环"新发展格局战略背景下产业数字化转型：理论与对策》，《财贸经济》2021年第3期。

［129］朱群：《论智慧环保建设存在的问题与对策》，《环境研究与监测》2017年第1期。

［130］Hansen R., S.Kien, "Hummel's Digital Transformation toward Omnichannelretailing: Key Lessons Learned", *MIS Quarterly Executive*, No.2, 2015.

［131］Kashan A. J., Mohannak K., "Dynamics of Industry Architecture and Firms Knowledge and Capability Development:An Empirical Study of Industry Transformation", *Technology Analysis & Strategic Management*, 2017, 29(7).

［132］Lipsey R., Carlaw K., Bekar C., *Economic Transformations:General Purpose Technologies and Long–Term Economic Growth*, Oxford University Press, 2006.

［133］Michael W. Grieves, *Digital Twin: Manufacturing Excellence through Virtual Factory Replication*, 2014.

责任编辑：吴焰东
封面设计：王欢欢

图书在版编目(CIP)数据

数字经济与环保服务业发展研究/王小平 等 著. —北京：人民出版社，2022.12
ISBN 978 - 7 - 01 - 025311 - 4

Ⅰ.①数…　Ⅱ.①王…　Ⅲ.①环保产业-数字化-产业发展-研究-中国
　Ⅳ.①X324.2

中国版本图书馆 CIP 数据核字(2022)第 231868 号

数字经济与环保服务业发展研究
SHUZI JINGJI YU HUANBAO FUWUYE FAZHAN YANJIU

王小平 等 著

人民出版社 出版发行
(100706　北京市东城区隆福寺街 99 号)

中煤(北京)印务有限公司印刷　新华书店经销

2022 年 12 月第 1 版　2022 年 12 月北京第 1 次印刷
开本：710 毫米×1000 毫米 1/16　印张：17.25
字数：200 千字

ISBN 978 - 7 - 01 - 025311 - 4　定价：78.00 元

邮购地址 100706　北京市东城区隆福寺街 99 号
人民东方图书销售中心　电话 (010)65250042　65289539